■高等院校新媒体技术专业系列教材

DIV+CSS3 网页设计与制作

DIV+CSS3 WANGYE SHEJI YU ZHIZUO

【配微课】

主　编　宋文平　王卫华　刘　跃

副主编　李　兵　湛剑佳　黄国芳

　　　　刘喜苹　周　南　陈　琳

U0190723

课书房
新/形/态/教材

配二维码
视频资源

配套课件

重庆大学出版社

内容提要

本书根据高职院校"三教"改革精神,进行了将课程思政育人与专业教学融合的尝试。全书分为 13 个模块,模块 1 介绍了网页设计的基本知识;模块 2 介绍了网站的创建与管理;模块 3 ~ 7 介绍了 HTML5 的基础知识与基于 HTML5 的超链接、表单、多媒体应用;模块 8,9 讲述了 CSS3 基础知识及应用;模块 10 ~ 11 讲述了基于 DIV+CSS 的布局基础知识;模块 12 讲述了基于 DIV+CSS3 的网页布局、网站制作方法;模块 13 讲述了网站的测试、发布与维护等知识。

本书在编写过程中坚持科学性、实用性、先进性和职业性相统一,力求与计算机技术发展同步,着重提高学习者网页设计和制作的能力。在编排形式上,采用"模块—任务—案例"循序渐进的方式,结合大量的实际案例。每个模块包括若干个任务,每个任务由案例引入、主要知识点、课程育人和课堂互动组成。每个模块末都设置了"技能训练"板块,适合"教、学、做、考"一体化教学。

本书可作为高职高专计算机网络技术、电子商务、软件技术、计算机应用、动漫设计等相关专业的教材,也可供各类培训、网页设计从业人员参考使用。

图书在版编目(CIP)数据

DIV+CSS3 网页设计与制作/宋文平,王卫华,刘跃主编. —重庆:重庆大学出版社,2021.8(2022.8 重印)
高等院校新媒体技术专业系列教材
ISBN 978-7-5689-2886-1

Ⅰ.①D… Ⅱ.①宋… ②王… ③刘… Ⅲ.①网页制作工具—高等学校—教材 Ⅳ.①TP393.092.2

中国版本图书馆 CIP 数据核字(2021)第 169016 号

DIV+CSS3 网页设计与制作

主　编　宋文平　王卫华　刘　跃
副主编　李　兵　湛剑佳　黄国芳
　　　　刘喜苹　周　南　陈　琳
策划编辑:鲁　黎

责任编辑:文　鹏　版式设计:鲁　黎
责任校对:夏　宇　责任印制:张　策

*

重庆大学出版社出版发行
出版人:饶帮华
社址:重庆市沙坪坝区大学城西路 21 号
邮编:401331
电话:(023) 88617190　88617185(中小学)
传真:(023) 88617186　88617166
网址:http://www.cqup.com.cn
邮箱:fxk@ cqup.com.cn(营销中心)
全国新华书店经销
中雅(重庆)彩色印刷有限公司印刷

*

开本:787mm×1092mm　1/16　印张:16.75　字数:390 千
2021 年 8 月第 1 版　　2022 年 8 月第 2 次印刷
印数:2 001—4 000
ISBN 978-7-5689-2886-1　定价:48.00 元

编写人员名单

主　编　宋文平　长沙南方职业学院

王卫华　重庆商务职业学院

刘　跃　湖南电子科技职业学院

副主编　李　兵　长沙南方职业学院

湛剑佳　湖南开放大学（湖南网络工程职业学院）

黄国芳　长沙南方职业学院

刘喜苹　长沙南方职业学院

周　南　湖南交通工程学院

陈　琳　湖南开放大学（湖南网络工程职业学院）

参　编　阙采球　长沙南方职业学院

张德平　长沙南方职业学院

刘　阳　长沙南方职业学院

曾　滔　长沙南方职业学院

宋　颖　长沙南方职业学院

冯芝丽　湖南交通工程学院

颜夕阳　湖北美和易思教育科技有限公司

吴彬彬　北京中公教育科技有限公司

前　言

随着网络技术的迅速普及,网页设计技术和工具的使用十分广泛,HTML 与 CSS3 已成为当前 Web 应用开发中的热门技术。基于 HTML 与 CSS3 的网页设计与制作课程是计算机网络技术、电子商务、软件技术等计算机类专业课程体系中的基础课程之一,是一门技能性和实践性强的课程。学习者需要经过大量实践才能掌握网页设计和制作的技能、方法与技巧。

基于此,本书根据高职院校"三教"改革精神,进行了将课程思政育人与专业教学融合的尝试。在编写过程中,本书坚持学科知识与思政育人相结合,科学性、实用性、先进性和职业性相统一,力求与计算机技术发展同步,着重培养学习者的网页设计和制作能力。在编排形式上,本书采用"模块—任务—案例"循序渐进的方式,结合大量的实际案例。每个模块包括若干个任务,每个任务由案例引入、主要知识点、课程育人和课堂互动组成。每个模块在完成任务之后,都设置了"技能训练"板块,体现"学中做、做中学"的职教特色。

本书具有以下特点:

1.体例精心设计,系统完整,突出职业性

根据高职院校"三教"改革精神,本书对网页设计与制作授课内容、授课顺序、授课案例、教学方法等进行了系统设计与整体优化,适合"教、学、做、考"一体化教学。

2.采用项目式教学

本书体系遵循理论到实践、从简单到复杂的认知逻辑,采用"模块—任务—案例"的层层递进来构成企业项目,课程内容任务明确,案例操作步骤详细,循序渐进地介绍了网页设计与制作的基础知识,并加强技能训练。

3.兼顾专业技能竞赛和毕业设计

本书在编写时融合了湖南省高职计算机网络技术、电子商务专业的网页前端模块技能竞赛、毕业设计、技能抽查等内容,难易度也与之相当。

4.配备完整的在线课程资料

本书配套微课(湖南省金课"网页设计与制作"),有完整配套的在

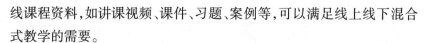

线课程资料,如讲课视频、课件、习题、案例等,可以满足线上线下混合式教学的需要。

5.作者团队教学经验和工作实践丰富

本书由多年从事高职"网页设计与制作"课程教学的优秀教师和经验丰富的网页设计师共同编写。在编写时紧扣"必需、够用"原则,注重原理与实践紧密结合,着重实用性和可操作性;案例的选取上侧重日常学习和工作实际需要。

本书由宋文平、王卫华、刘跃担任主编,李兵、湛剑佳、黄国芳、刘喜苹、周南、陈琳担任副主编,阙采球、张德平、刘阳、曾滔、宋颖、冯芝丽、颜夕阳、吴彬彬参编。

本书涉及知识面较广,由于编者水平有限,书中难免存在疏漏之处,敬请各位读者批评指正。

编　者

2021 年 3 月

目 录

模块1 网页设计与制作基础 ················· 1
  任务1.1 网页制作的基础知识 ················· 1
  任务1.2 网页色彩搭配技巧 ················· 7
  任务1.3 网页布局类型 ················· 16
  任务1.4 项目实施:著名网站主页赏析 ················· 22
  技能训练 ················· 26

模块2 网站的创建与管理 ················· 27
  任务2.1 网页的开发工具 ················· 27
  任务2.2 网站创建流程 ················· 36
  任务2.3 站点的创建与管理 ················· 39
  任务2.4 项目实施:旅游网站的创建 ················· 45
  技能训练 ················· 48

模块3 HTML5的基础知识 ················· 49
  任务3.1 HTML5简介 ················· 49
  任务3.2 HTML5文件基本结构 ················· 52
  任务3.3 HTML5的基本标签结构 ················· 54
  任务3.4 项目实施:基于HTML5的网页结构展示 ················· 57
  技能训练 ················· 57

模块4 基于HTML5的网页图文混排 ················· 59
  任务4.1 HTML5的文本标记符 ················· 59
  任务4.2 HTML5的排版标记符 ················· 66
  任务4.3 项目实施:网页图文混排制作 ················· 77
  技能训练 ················· 78

模块5 基于HTML5的超链接创建 ················· 79
  任务5.1 超链接简介 ················· 79
  任务5.2 超链接的创建类型 ················· 83
  任务5.3 项目实施 ················· 90
  技能训练 ················· 93

模块 6　基于 HTML5 的网页表单制作 ·· 95

　　任务 6.1　表单概述 ··· 95

　　任务 6.2　表单基本元素 ··· 97

　　任务 6.3　表单高级元素 ··· 111

　　任务 6.4　项目实施 ·· 118

　　技能训练 ··· 121

模块 7　基于 HTML5 的多媒体应用 ··· 123

　　任务 7.1　插入音频 ·· 123

　　任务 7.2　插入视频 ·· 128

　　任务 7.3　项目实施:在起点图书网站的子页中插入视频与音频 ··············· 135

　　技能训练 ··· 135

模块 8　应用 CSS 样式基础 ·· 137

　　任务 8.1　CSS3 基础知识 ··· 137

　　任务 8.2　CSS3 字体属性 ··· 148

　　任务 8.3　设置 CSS3 文本属性 ··· 152

　　任务 8.4　项目实施:设置网页文字样式 ·· 157

　　技能训练 ··· 158

模块 9　基于 CSS 的网页高级美化 ·· 159

　　任务 9.1　控制对象背景样式 ·· 159

　　任务 9.2　控制对象边框样式 ·· 168

　　任务 9.3　控制对象列表标记符样式 ·· 172

　　任务 9.4　项目实施:起点图书网页的美化 ··· 177

　　技能训练 ··· 179

模块 10　基于 DIV + CSS 的布局基础 ··· 180

　　任务 10.1　CSS 盒子模型 ··· 180

　　任务 10.2　控制对象定位样式 ·· 184

　　任务 10.3　DIV + CSS 布局 ··· 192

　　任务 10.4　项目实施:图书网主页布局草图设计 ··· 194

　　技能训练 ··· 196

模块 11　基于 DIV + CSS 的网页布局 ··· 197

　　任务 11.1　DIV + CSS 单列布局 ·· 197

　　任务 11.2　DIV + CSS 二列布局 ·· 201

任务 11.3　DIV + CSS 三列布局 ··· 207

任务 11.4　项目实施:图书网主页的三列布局 ························· 211

技能训练 ·· 216

模块 12　基于 DIV + CSS 的主页制作 ·· 217

任务 12.1　"好逸来"书城主页布局制作 ································· 217

任务 12.2　"好逸来"书城主页导航条制作 ····························· 224

任务 12.3　"好逸来"书城主页文字的排版 ····························· 227

任务 12.4　项目实施:"好逸来"书城主页制作 ····················· 229

技能训练 ·· 238

模块 13　网站的测试、发布与维护 ·· 239

任务 13.1　网站的测试 ··· 239

任务 13.2　网站的发布 ··· 245

任务 13.3　网站的维护 ··· 252

技能训练 ·· 256

模块1 网页设计与制作基础

网站是一种新型信息传播工具,人们可以通过它来发布自己想要公开的资讯及提供相关网络服务。许多公司都有自己的网站,用于宣传公司或发布产品信息等。网页是网站中的一个页面,是构成网站的一个基本元素。随着互联网的快速发展,越来越多的人想要学习设计和制作网页。本模块将介绍网页设计制作的基础知识,包括网页的基本概念,网页制作的相关知识、常用工具及网站设计开发流程等。

【学习目标】

知识目标:

1. 理解网页、网站的基本概念及其组成元素;
2. 掌握网页设计的色彩搭配知识;
3. 掌握网页布局的不同类型;
4. 掌握分析网页的方法与技巧。

技能目标:

1. 具有网页制作过程中的提出问题、分析问题和解决问题的能力;
2. 能正确使用几种网页设计色彩搭配;
3. 能灵活设计网页不同类型布局。

素质目标:

1. 利用网页、网站的基本概念及其组成元素,引导学生做人做事需要遵守规则,遵守国家法律法规,做一个守法的好公民。
2. 学习网页设计的色彩搭配知识,提高学生的民族自尊心、自豪感;
3. 通过对经典网站网页的布局、色彩运用等分析,提升学生对专业及本课程的学习热情。

任务1.1 网页制作的基础知识

【案例引入】

在湖南长沙,中国人民解放军国防科技大学存放着一个红黄相间的大机柜,它就是我国自行设计和研制的第一台每秒运算速度达到亿次的巨型计算机——"银河1号"(图1.1.1)。20世纪70年代初期,外国科学家率先研制出巨型计算机,它强大的数据处理能力改变了其他生产领域的发展态势。如石油的开采就需要借助巨型计算机来计算相关数据。当时我国石油勘探的数据是用磁带记录的。磁带数量多到需要卡车装运，并且需要空运到国外处理，经费消耗巨大，处理时间不能满足工作需要，且我国的勘探资料容易泄露。当我国想进口一台性能一般的计算机时，对方却要求为这台机器建一个六面不透光的"安全区"，进入"安全区"的还只能是国外工作人员。面对这苛刻要求，我国科学家下决心要研制出自己的巨型计算机。从1978年起，经过几年顽强拼搏，以慈云桂教授为代表的科研人员攻克

图 1.1.1　银河 1 号

了数以百计的技术难题，提前一年完成了研制任务。1983年12月26日，我国第一台亿次巨型计算机顺利通过了国家技术鉴定，并被命名为"银河1号"。它的研制成功标志着中国成为当时世界上第三个能够独立设计和制造巨型计算机的国家。我国"银河人"以精益求精的态度快速、稳妥地推进任务进程。1992年，我国再次成为世界上第三个掌握每秒10亿次计算能力巨型计算机研制技术的国家。

【案例分析】

　　网络中最典型的表现形式就是网页，随着个人博客、各类网站的流行，越来越多的人开始学习设计、制作网页。我们在了解网页特点、学习网页制作的相关知识时，要学习以慈云桂教授为代表的科研人员的"胸怀祖国、团结协作、志在高峰、奋勇拼搏"的"银河精神"。

【主要知识点】

1.1.1　网站的基本元素

微课 1.1　网页设计基础知识

　　网站是指在互联网上根据一定的规则，使用 HTML（标准通用标记语言下的一个应用）等工具制作的用于展示特定内容的相关网页的集合。它是由一个首页和若干个网页构成的整体。其中，首页是网站最重要的表现部分。浏览者可通过首页进入网站的各个子页，通过首页就能知道整个网站的主题与基调，以及要传递的信息。图 1.1.2 是网易网站首页、图 1.1.3 是淘宝网网站首页。这两个首页都传递出了网站所要表达的主题信息。

　　由上可知，网页主要由文本、图像、动画、表格、表单、音频、视频、超链接等元素构成。

1.1.2　网页制作中的基本概念

1）服务器与浏览器

　　在互联网上，获得信息的计算机称为客户端，提供信息的计算机称为服务器，人们在

客户端上安装的浏览器软件(如 Internet Explorer)可以向网络上的服务器请求浏览自己需要的信息。图 1.1.4 是浏览器与服务器的关系示意图。

图 1.1.2 网易网站首页

图 1.1.3 淘宝网站首页

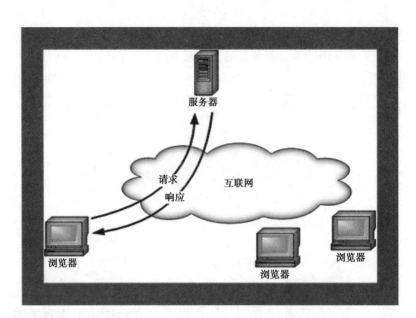

图 1.1.4　浏览器与服务器的关系示意图

2) 超链接

超链接的本质是一种可以跳转到其他文件的文字或图片的技术。图 1.1.5 为长沙南方职业学院的网页,其中建立了标题为"长沙南方职业学院 2019 年第二次单招实施方案"的超链接。单击该标题,浏览器会直接跳入该招生文件的子页。

图 1.1.5　建立了超链接的网页

3) URL

URL 为"Uniform Resource Locator"的缩写,通常翻译为"统一资源定位器",也就是人们通常说的"网址"。它用于指定 Internet 上的资源位置。图 1.1.6 所示的"https://www.taobao.com"就是淘宝网的 URL。

图 1.1.6　淘宝网的 URL

4) HTML

网页文件是用一种标签语言书写的,这种语言称为 HTML(Hyper Text Markup Language,超文本标签语言),它可对网页的内容、格式及链接进行描述。

5) HTTP

HTTP,全称为"Hyper Text Transfer Protocol",意思为"超文本传输协议",是当前网络中使用最广泛的通信传输协议,同时也是大部分网络用户浏览网页的主要方式。当网络用户访问网站时,便可使用以"http://"开头的网址进入网站,被"https://"所替代。

6) HTTPS

HTTPS,全称为"Hyper Text Transfer Protocol over SecureSocket Layer",是以安全为目标的 HTTP 通道,在 HTTP 的基础上通过传输加密和身份认证保证了传输过程的安全性。例如在浏览器地址栏中输入"https://www.cctv.com/"后按下回车键,将由 HTTPS 协议打开"央视网首页",如图 1.1.7 所示。其原理是浏览器通过 HTTPS 协议向远程服务器请求数据,远程服务器依据此协议把数据传回浏览者的浏览器,并在浏览器页面上显示出来。

图 1.1.7　HTTPS 传输协议

7）上传与下载

把制作好的网站传送到服务器上，这个过程就称为"上传"。

下载是指通过网络传输文件，把互联网或其他电子计算机上的信息保存到本地电脑上的一种网络活动。

8）域名

域名是 IP 地址的映射，起着识别网络内计算机的作用。域名可分为不同级别，包括顶级域名、二级域名等。域名系统主要由数字和字母组成，中间以根接点"."隔开。如新浪网的域名是：www.sina.com.cn，其中 cn 为高层域，com 为第二层，sina 为第三层，www 为万维网主机。遵照国际惯例，我国的域名体系也包括类别域名和行政区域名两种，其中行政区域名按照原国家技术监督局发布的国家标准确定，按照各省、市、自治区划分为 34 个；而类别又按申请机构的性质分为 COM、NET、ORG、GOV、EDU 等。

COM：工商、金融等企业。

NET：互联网络，接入网络的信息中心（NIC）和运行中心（NOC）。

ORG：各种非营利性组织。

GOV：政府部门。

EDU：教育机构。

9）网站与网页

"网站"就是在 Internet 上一块固定的面向全网发布消息的地方。它由域名（也就是网站地址）和网站空间构成，网站空间里存放的就是各种网页。浏览服务器默认打开的网页就是主页，主页具有唯一性。有时候，网站也被称为站点。衡量一个网站的性能，通常从网站空间大小、网站位置、网站连接速度、网站服务内容等几方面来考虑。

10）IP 地址

IP 是"Internet 协议"，它是 Internet 能够运行的基础。具体来说，IP 是为标识网络中的主机所使用的地址，连接到采用 TCP/IP 的网络的每个设备都必须有唯一的 IP 地址。

在使用二进制表示的时候，IP 地址的长度为 32 位，分为 4 段，每段 8 位。用十进制数字表示的时候，每段数字范围为 1～255，段与段之间用英文句点隔开，如网易站点的 IP 地址是：61.135.253.10。

1.1.3 网页的类型

1）静态网页

静态网页一般以.htm 或.html 为后缀结尾，俗称 html 文件。

2）动态网页

动态网页内含有程序代码，运行于服务器端的程序、网页和组件等都属于动态网页。动态网页通常是以.asp，.jsp 等后缀结尾，还可以.php 结尾，如长沙南方职业学院的校园网首页是 index. php。

【课程育人】

通过案例引入和网页设计基础知识,可以看出科技的发展从无到有,需要几代人的无私奉献。年轻一代要树立崇高远大的理想,刻苦学习,勇于创新。

1. 从巨型计算机的研制到此课程的学习,从落后就要吃亏、受欺负,教育同学们要认真学习,掌握新知识、新技术,为国争光,为早日实现中国梦而努力。

2. 自主创新,掌握核心科学技术对国家的发展很重要。我们平时要有创新意识,为国家富强贡献自己的一份力量。

【课堂互动】

1. 目前在 Internet 上应用最为广泛的服务是( )。
 A. FTP 服务　　　　　B. WWW 服务　　　　C. Telnet 服务　　　　D. Gopher 服务

2. IP 地址由一组( )的二进制数字组成。
 A. 8 位　　　　　　　B. 16 位　　　　　　C. 32 位　　　　　　D. 64 位

3. 计算机网络的目标是实现( )。
 A. 数据处理　　　　　　　　　　　B. 信息传输与数据处理
 C. 文献查询　　　　　　　　　　　D. 资源共享与信息传输

4. 网页中最为常用的两种图像格式是( )。
 A. JPEG 和 GIF　　　B. JPEG 和 PSD　　　C. GIF 和 BMP　　　D. BMP 和 PSD

任务1.2　网页色彩搭配技巧

【案例引入】

色彩在生活中的应用非常广泛,对人们的影响较大,如乡村基、麦当劳、大米先生等快餐店的店面装修多采用红色、黄色、橙色等暖色。因为暖色可以刺激人的食欲,以促进消费者消费。所以,在繁华的街市上很容易看到快餐店的门面装修大都是红黄两色。而咖啡馆和酒吧一般设计成褐色或蓝色的风格,这样有利于顾客放松、休息。红色在中国代表着喜庆、欢快、传统,烟花爆竹、对联、中国结、灯笼、结婚庆典等都是红色的,甚至过年的时候连刚出锅的馒头都要点上红色。在医院,我们很少看到鲜亮的色彩,大多都是白色。因为白色会使患者的内心平静,有利于病人的治疗和恢复健康。

【案例分析】

在网页制作中,色彩是一个非常重要的元素,合理地安排色彩,页面不仅可吸引浏览者的眼球,还能正确传达信息。它的应用影响着人们的情绪与心情。我们在制作网页时可适当利用色彩使人浏览网页之后能心情愉悦、积极向上。

【主要知识点】

1.2.1　网页色彩基本知识

1）色彩的形成

微课 1.2　网页色彩基本知识

色彩就是光经过物体散射到达人眼睛中的视觉效应。物体的颜色就是它们反射光的颜色。我们常见的白光,实际是由红、绿、蓝三种波长的光组成的。物体经光源照射,吸收和反射不同波长的红、绿、蓝光,经过人眼,传到大脑就形成了我们看到的颜色。红、绿、蓝三种波长的光是自然界所有颜色的基础,光谱中的所有颜色都是由不同强度的三种光构成,所以红、绿、蓝也称三原色。

2）色彩三要素

自然界中的颜色可以分为非彩色和彩色两大类。非彩色指黑色、白色和各种深浅不一的灰色,而其他所有颜色均属于彩色。色彩可用色调(色相)、饱和度(纯度)和明度来描述。人眼看到的任一彩色光都是这三个特性的综合效果,这三个特性即是色彩的三要素。

①色相是颜色的基本特征,是一种色彩区别于另一种色彩的最主要因素,它反映颜色的基本面貌。紫色、绿色、黄色等都代表了不同的色相。同一色相的色彩,调整一下亮度或者纯度很容易搭配,比如深绿、暗绿、草绿、亮绿。

②饱和度指色彩的鲜艳程度。纯度高的色彩鲜亮,纯度低的色彩暗淡。

③明度也叫亮度,指的是色彩的明暗程度,体现了颜色的深浅,明度越大,色彩越亮。比如一些购物类、儿童类网站,多用一些鲜亮的颜色,让人感觉绚丽多姿,生气勃勃。色彩明度越低,颜色越暗,主要用于一些游戏类网站,充满神秘感。

一些个人站长为了体现自身的个性,也可以运用一些暗色调来表达个人的性格特点。明度差的色彩更容易调和,如紫色(#993399)跟黄色(#ffff00),暗红(#cc3300)跟草绿(#99cc00),暗蓝(#0066cc)跟橙色(#ff9933)等。

3）色相环

色相环是指一种圆形排列的色相光谱,色彩是按照光谱在自然界中出现的顺序来排列的。暖色位于包含红色和黄色的半圆之内,冷色则包含在绿色和紫色的那个半圆内。互补色出现在彼此相对的位置上,以三原色(红、绿、蓝)为基础。网站常用的颜色都体现在色相环上,如图1.2.1所示。

4）色彩的冷暖感

色彩本身没有冷暖的色温差别,是视觉色彩引起人们对冷暖感的联想。

暖色:红色、橙色、黄色等颜色,使人联想到生活中的一些温暖的物体,如火焰、太阳、枫叶等。

冷色:蓝色、紫色等颜色,使人联想到幽静、凉快的事物,如海洋、天空等。

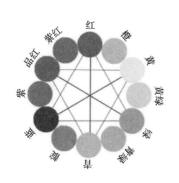
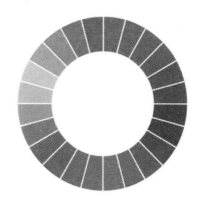

图 1.2.1 色相环

也有许多颜色介于冷色和暖色之间,比如绿色可使人们联想到绿色植物。绿色中黄色占比多一些的色彩都趋向于暖色;蓝色占比多一些的色彩都趋向于冷色。

5)色彩的味觉感

现实中,人们可以将自己的味觉与许多食物的色彩对应联系起来。

①酸。让人感觉酸的颜色有蓝、绿、黄、橙黄等,如图 1.2.2 所示的橘子。

②甜。让人感觉甜的颜色有黄、橙、粉红、乳白等,如图 1.2.3 所示的苹果。

图 1.2.2 酸酸的橘子　　　　　　　　　　　图 1.2.3 甜甜的苹果

③苦。让人感觉苦的颜色有棕色、黑褐色、灰黑色等,如图 1.2.4 所示的咖啡。

④辣。让人感觉辣的颜色有红、黄、黄绿、绿等,如图 1.2.5 所示的辣椒。

图 1.2.4 咖啡　　　　　　　　　　　　图 1.2.5 辣椒

6）色彩的联想性

①红色。红色是最具有视觉冲击力的色彩,它的纯度高,注目性高,刺激作用大,人们称之为"火与血"的颜色,能增高血压,加速血液循环。

②橙色。橙色的视觉刺激冲击力虽然没有红色大,但它的视认性和注目性也很高,既有红色的热情又有黄色的光明,以及活泼的特质,是人们喜爱的色彩。

③黄色。黄色让人产生明朗、愉快、光明、华丽、活力、快乐、醒目的感觉。

④黄绿色。黄绿色是介于黄色和绿色的中间色。

⑤绿色。绿色让人产生和平、宁静、环保、青春、理想等感觉。

⑥蓝绿色。蓝绿色明视度及注目度基本与绿色相同,只是比绿色显得更冷静。

⑦蓝色。蓝色是幸福色,表示希望。它让人产生专业、睿智、科技、永恒、朴实、寒冷等感觉。

⑧蓝紫色。蓝紫色是明度很低的色彩,所以纯度效果显不出力量,注目性较差,明视度必须靠背景来衬托,给人以收缩、后退的感觉。

⑨紫色。紫色因与夜空、阴影相联系,所以富有神秘感。紫色容易引起心理上的犹豫和不安,但又给人以高贵、庄严之感。

⑩紫红色。紫红色是指带紫味的红色,其视认性和注目性以及冷暖程度介于红色与紫色之间,象征着浪漫和热情,比较常用。

⑪白色。白色是不含纯色的色,除因明度高而感觉冷外,基本为中性色,明视度与注目性都相当高。它让人产生纯洁、天真、空灵、弱小、朴素、神圣等感觉。由于白色为全色相,因此与其他色相混合均能取得很好的效果。

⑫灰色。灰色为全色相,也是没有纯度的中性色。它让人产生质朴、睿智、大气、谦逊、平凡等感觉,是万能协调色,与其他色彩配合使用可取得很好的效果。

⑬黑色。黑色为全色相,也是没有纯度的色,与白色相比给人以暖的感觉。黑色在心理上是一个很特殊的色彩,它本身无刺激性,但是与其他色彩配合能增加刺激。黑色是消极色,它给人神秘、力量、诡异、黑暗、绝望的感觉,所以单独使用的情况不多。

1.2.2　网站配色的原则

第一原则:先定主色,再配辅色。为网页配色时,先根据网站的主题确定主色,再根据主色的需要搭配好辅色。如图1.2.6所示的儿童网站主页,根据体现儿童个性为主题的需要,确定主色为绿色,红色、黄色、桔色、紫色为辅色,使整个网页生动有趣、童稚盎然。

第二原则:有效利用黑白灰色进行网页的色彩搭配。在网页美工设计中,任何漂亮、绚丽、丰富的色彩都需要黑白灰的有效搭配才能在视觉上达到主次分明、重点突出、和谐统一的效果。如图1.2.7所示的新罗网站首页与图1.2.8所示的汽车网站首页都采用了灰色与主色搭配,使整个网页高雅、和谐、大气。

第三原则:注意色彩的对比。有对比才会有和谐,要注意色彩中的对比关系并有效控制这些对比关系,如色彩的明度对比、纯度对比、色相对比、冷暖对比、轻重对比、面积对比等。这样,网页才会达到色彩明快、视觉和谐的效果。如图 1.2.9 所示的网页采用了红色、黑色、白色三种颜色之间的明度对比、色相对比、冷暖对比的效果,使页面色彩分明,视觉冲击强,给人留下深刻印象。

图 1.2.6   儿童网站主页

图 1.2.7   新罗网站首页

图 1.2.8 汽车网站首页

图 1.2.9 宗申集团主页

1.2.3 网页色彩搭配的原理

1）色彩的鲜明性

网页的色彩要鲜艳，容易引人注目，如图 1.2.10 所示。

2）色彩的独特性

与众不同的色彩,可使浏览者对网页产生强烈印象,如图 1.2.11 所示。

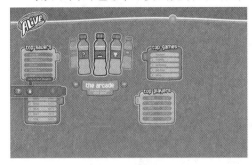

图 1.2.10　某饮料网站主页　　　　　　　图 1.2.11　某娱乐网站主页

3）色彩的合适性

网页色彩应和其表达的内容气氛相适合,如用粉色体现女性站点的柔性,如图 1.2.12 所示。

图 1.2.12　某女性网站主页

4）色彩的联想性

不同的色彩会让人产生不同的联想,如蓝色让人想到天空,黑色让人想到黑夜,红色让人想到喜事等。网页色彩要和其内涵相适应。

1.2.4　网页色彩搭配的技巧

1）用一种色彩

选定一种色彩,然后调整透明度或者饱和度(即将色彩变淡或加深),产生新的色彩。这样的页面看起来色彩统一,有层次感。如图 1.2.13 所示的某俱乐部网站主页采用了红色色调,用深红、中红、浅红来配色,使整张网页颜色和谐、统一、舒适。

微课 1.3　网页色彩搭配技巧

图 1.2.13　某俱乐部网站主页

2）用两种色彩

先选定一种色彩,然后选择它的对比色。如图 1.2.14 所示的某俱乐部网站主页以黄色为主调,图案、文字背景使用黑色,颜色对比分明,具有震撼性,给人留下深刻印象。

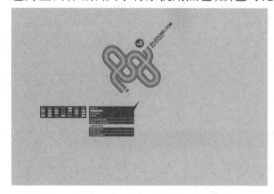

图 1.2.14　某俱乐部网站主页

图 1.2.15　某婴幼儿网站主页

3）用一个色系

简单的说，就是用风格相同或相近的色彩，例如淡蓝、淡黄、淡绿；或者土黄、土灰、土蓝等。如图1.2.15所示的某婴幼儿网站主页用粉红、粉绿、粉蓝、粉黄搭配在一起，显得温馨、和谐。

4）主色直接决定网站的色彩风格

在网页色彩搭配中，主色起主导作用，决定网页的整体色调。辅色搭配在主色基础上进行。辅色在网页中的比例一般为主7辅3，或主6辅4，切忌出现主辅色面积比例相当的情况，进而造成色彩混乱、风格模糊的场景。如图1.2.16所示的某公司网站网页用以绿色为主，再以蓝色、灰色为辅，主次分明、搭配得当。

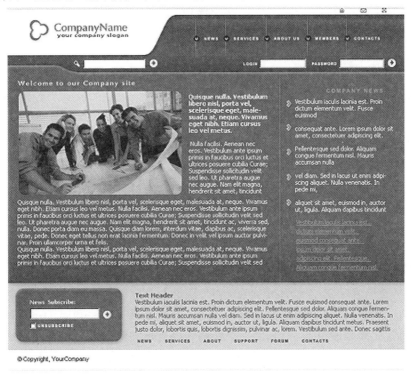

图1.2.16　某公司网站网页

1.2.5　色彩使用要注意的问题

①不要将所有颜色都用到，尽量控制在三种色彩以内。其中，有一种要设定为主色调，通常选择白底，对一些特殊类型的网站，比如饮食类网站，则可以适当使用一些暖色调，如黄色、红色等为主色调，然后再配上适宜的相关颜色。

②背景和前文的对比尽量要大，尽量不要用花纹繁复的图案作背景。

③根据文化背景适当地选择颜色。

【课程育人】

通过案例引入和关于颜色基础知识、网页配色原则、色彩搭配技巧事项等的介绍,让我们掌握了网页的色彩使用方法与技巧,为网页的界面设计打下坚实基础的同时,认识到色彩的积极应用对网页起着重要作用。

绿色、红色、蓝色、黄色等色彩在网页中的合理应用给人带来美感,让人热爱生活,期待未来。

【课堂互动】

1. 下面属于暖色的颜色有( )。(多选)
   A. 红色　　　　　　B. 橙色　　　　　　　　C. 绿色　　　　　　　D. 黄色
2. 下面属于冷色的颜色有( )。(多选)
   A. 蓝色　　　　　　B. 橙色　　　　　　　　C. 绿色　　　　　　　D. 黄色
3. 下面属于中性色的颜色有( )。(多选)
   A. 灰色　　　　　　B. 黑色　　　　　　　　C. 白色　　　　　　　D. 黄色
4. 下面属于苦色的颜色有( )。(多选)
   A. 灰色　　　　　　B. 黑色　　　　　　　　C. 棕色　　　　　　　D. 黄色

任务1.3　网页布局类型

【案例引入】

袁隆平,著名农学家、杂交水稻育种专家,从事杂交水稻育种理论研究和制种技术实践。1964年,袁隆平首先提出培育不育系、持续系、恢复系三系法利用水稻杂种优势的设想并进行科学实验。1970年,与其助手李必湖和冯克珊在海南发现一株花粉败育的雄性不育野生稻,成为突破三系配套的关键。1972年,育成中国第一个大面积应用的水稻雄性不育系二九南一号a和相应的持续系二九南一号b,次年育成了第一个大面积推广的强优组合南优二号,并研究出整套制种技术。1986年,提出杂交水稻育种分为三系法品种间杂种优势利用、两系法亚种间杂种优势利用到一系法远缘杂种优势利用的战略设想,被誉为杂交水稻之父。

【案例分析】

"业精于勤荒于嬉",袁爷爷几十年如一日,潜心研究杂交水稻,这种刻苦钻研、大胆创新的精神值得我们学习。

【主要知识点】

1.3.1 网页布局的概念

网页布局是以最适合浏览的方式将图片和文字排放在页面的不同位置。如遵循突出重点、平衡谐调的原则,将网站标志、主菜单等最重要的模块放在最显眼、最突出的位置上,然后再考虑次要模块的排放。一般情况下,将网站的 LOGO、导航条等元素放在屏幕左边显眼的位置上,访问者在浏览网页时可以对网站内容一目了然。

1.3.2 网页布局的原则

①正常平衡。亦称"匀称",多指左右、上下对称形式,主要强调秩序,能达到安定诚实、信赖的效果,如图 1.3.1 所示。

②异常平衡。即非对称形式,但也要讲究平衡和韵律,此种布局能达到强调性、不安性、高注目性的效果,如图 1.3.2 所示。

微课 1.4 网页布局类型(一)

图 1.3.1 平衡布局的网页　　　　　图 1.3.2 异常平衡布局的网页

③对比。指利用色彩、色调等技巧来进行表现,在内容上也可涉及古与今、新与旧、贫与富等对比,如图 1.3.3 所示。

④凝视。利用页面中人物视线,使浏览者仿照跟随的心理,以达到注视页面的效果,一般多用明星凝视状,如图 1.3.4 所示。

⑤适当空白。内容排布应松紧有度,给人以跌宕起伏之感。网页适当留白,可以提高网页的视觉效果和艺术感染力,既可以给人带来心理上的松弛,也可以给人带来紧张与节奏,使页面生动起来,如图 1.3.5 所示。

图1.3.3　使用对比色调的网页　　　　　图1.3.4　使用凝视的网页

⑥尽量用图片解说，对语言不好表达的内容，使用图片解说特别有效，可以传达给浏览者更多的信息，如图1.3.6所示。

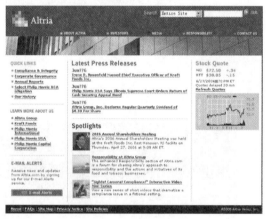 

图1.3.5　适当留白的网页　　　　　　图1.3.6　使用图片解说的网页

⑦精简文字。生动、有活力的作品是简洁的，不需要用文字去填充空间。精简文字可以减少干扰，使有用的内容更突出，使页面更短，无需滚屏就可以一目了然，如图1.3.7所示。

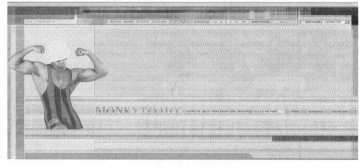

图1.3.7　精简文字的网页

1.3.3　网页常见结构

1)"同"字型结构布局

"同"字型结构就是指页面顶部为"网站标志 + 广告条 +
主菜单",下方左侧为二级栏目条,右侧为连接栏目条,屏幕中
间显示具体内容的布局,效果如图 1.3.8 所示。

微课 1.5　网页布局类型(二)

优点:充分利用版面,页面结构清晰,左右对称,主次分明,信息量大。

缺点:页面拥挤,规矩呆板。

2)"国"字型布局

"国"字型布局是在"同"字型布局基础上演化而来,在保留"同"字型布局的同时,在
页面的下方增加一横条状的菜单或广告,往往被一些大型网站所使用。这种结构是在网
络上见得最多的一种结构类型,效果如图 1.3.9 所示。

图 1.3.8　"同"字型结构布局的网页　　　　图 1.3.9　"国"字型布局的网页

优点:充分利用版面,页面结构清晰,左右对称,主次分明,信息量大,与其他页面的链
接切换方便。

缺点:页面拥挤,四面封闭,规矩呆板,细节上缺少变化,很容易让人感到单调乏味。

3)"T"字型布局

此布局是指页面顶部是"网站标志 + 广告条",左面是主菜单,右面是主要内容的布
局,效果如图 1.3.10 所示。

优点:页面结构清晰、主次分明,是初学者最容易上手的布局方法。

缺点:页面呆板,如果不注意细节上的色彩,很容易让人乏味。

4)"三"字型布局

这种布局多用于国外站点,国内用的不多。特点是在页面上有横向两条色块,将页面

分割为三部分,色块中大多放广告条、更新和版权提示,效果如图 1.3.11 所示。

图 1.3.10 "T"字型布局网页　　　　　图 1.3.11 "三"字型布局

5）对比布局

这种布局采取左右或者上下对比的方式:一半深色,一半浅色,一般用于设计型站点,效果如图 1.3.12 所示。

图 1.3.12 对比布局

优点:视觉冲击力强。

缺点:将两部分有机地结合比较困难。

6）框架型布局

（1）左右框架型布局

左右框架型布局结构是一些大型论坛和企业经常使用的一种布局结构。其布局结构主要分为左右两侧的页面。左侧一般主要为导航栏链接,右侧则放置网站的主要内容框架型布局,效果如图 1.3.13 所示。

左框架页面：导航栏链接+网站Logo+其他	右框架页面：网站主要内容

左右框架布局的简化示意图

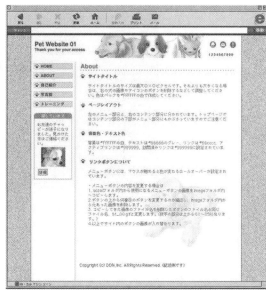

图 1.3.13 左右框架型布局

（2）上下框架型布局

上下框架型布局与前面的左右框架型布局类似，效果如图 1.3.14 所示。

（3）综合框架型布局

综合框架型布局是结合左右框架型布局和上下框架型布局的页面布局技术，效果如图 1.3.15 所示。

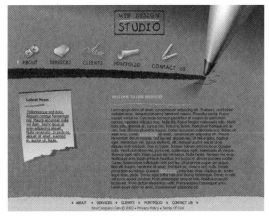

图 1.3.14 上下框架型布局

图 1.3.15 综合框架型布局

7）POP 布局

POP 引自广告术语，是指页面布局像一张宣传海报，以一张精美图片作为页面的设计中心。这种类型出现在一些网站的首页，精美的平面设计结合小的动画，放上几个简单的链接，给人带来赏心悦目的感觉，效果如图 1.3.16 所示。

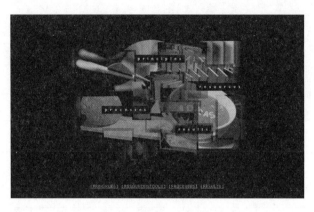

图 1.3.16　POP 布局

【课程育人】

通过本任务的学习,我们了解了网页布局概念,掌握网页版面布局的 7 种原则,熟练掌握网页常见的 7 种布局结构及其优缺点,在制作网页的途径上又迈进了一步;同时与袁爷爷研究杂交水稻成功案例结合起来,我们要有勇担重任、团结协作的团队意识,也要有不畏困难、吃苦耐劳的坚韧意志。

【课堂互动】

1.下列哪一项不属于网页版面布局的原则?(　　)。
　　A.正常平衡　　　　B.对比　　　　　　　C.凝视　　　　　　　D.全用文字
2."同"字型结构网页布局的缺点是(　　)。
　　A.左右对称　　　　B.页面拥挤　　　　　C.主次分明　　　　　D.信息量大
3.对比布局网页的优点是(　　)。
　　A.黑白配　　　　　B.页面和谐　　　　　C.视觉冲击力强　　　D.制作容易
4.下列哪种布局不属于框架型布局?(　　)。
　　A.左右框架型　　　B.上下框架型　　　　C.综合框架型　　　　D.POP 型

任务1.4　项目实施:著名网站主页赏析

【案例引入】

在伦敦黑色伯列费尔桥上,常常有人跳河自杀。当用蓝色重新粉刷之后,跳河自杀者减少了一半。在加州,一座监狱的看守长常为犯人寻衅闹事而苦恼。有一次,他偶然把一伙狂暴的犯人换到一间浅绿色的牢房里,奇迹就发生了:那些原来容易暴躁的犯人,就好像服用了镇静剂一样,渐渐平静下来,看守长由此受到启发,把所有囚室漆成绿色,犯人寻滋事件随之减少。颜色专家指出蓝色、绿色使人感到幽静、安详,红色会兴奋神经,促使人多吃快吃;白色给人洁净和安定的感觉,促使人细嚼慢咽,尽情品味,自然不会少吃;黄色会使顾客愿意掏钱来大享口福;而绿色和蓝色等冷色则使人愉快地减少食量或倾向于多吃青绿色蔬菜。所以,餐厅的色彩布置是颇费心思的。在一些比较讲究的餐厅里,墙壁常刷成黄色,桌椅也漆成黄色,以此来刺激食欲。同理,浅蓝色、淡黄色和橙色能使学生精神集中,情绪稳定,尤其是橙色,还能影响学生的行为,减少同学之间的对立情绪。白色、黑色和棕色对学生的脑神经有刺激,易产生负面影响。如果人置身于绿色或蓝色的环境里,皮肤温度可降低 1~2.2 ℃,脉搏每分钟减少 4~8 次,呼吸减慢,血压降低,心脏负担减小;淡蓝色对于发高烧的患者能起良好作用;紫色可使孕妇镇静;赭石色能帮助低血压病人升高血压。绿色能缓和紧张,使人安静。

【案例分析】

各种不同的颜色能对人的情绪产生不同的影响。我们在制作网页时,要合理运用颜色创造一个和平协调的氛围,引导浏览者心情愉悦、积极上进。

【主要知识点】

1.4.1　淘宝网站主页赏析

淘宝网站是一个电商网站,网页中红色是主色调,也是贯穿整个网站的颜色。红色有助于刺激用户的兴奋性。运用白色背景,能通过一个整洁有序的界面来帮助用户浏览这个网站的商品。效果如图 1.4.1 所示。

微课 1.6　项目实施网站作品赏析

图 1.4.1　淘宝网站主页

1.4.2　网易网站主页赏析

　　网易网站是一个综合型网站。网页中,灰是主色调,也是贯穿整个网站的颜色。首页简洁清晰,以白色为底色,文字以深灰和红色为主,给人一目了然、认真权威之感。运用白色背景,能通过一个整洁有序的界面来帮助用户浏览这个网站的内容。效果如图1.4.2所示。

图1.4.2　网易网站主页

1.4.3　哔哩哔哩网站主页赏析

　　哔哩哔哩是以弹幕文化和二次元为主的综合视频网站,用户以年轻群体为主。网页中,蓝绿灰构成主色调,体现了年轻人的活跃、轻松、求知欲旺盛等特点。首页以色彩丰富的图片为主,给人一种生机盎然的景象,吸引住人们的注意力,效果如图1.4.3所示。

图 1.4.3 哔哩哔哩网站网页

1.4.4 长沙市人民政府网站主页赏析

政府网站是向群众发布政务信息,为人民提供网上办事的窗口。网页中,红蓝构成主色调,体现了简洁大方、清新美观、特色鲜明等特点,显得稳重、大气、协调。首页以毛泽东雕像的图片与民众游玩图片为主,给人一种庄重而又生气勃勃的景象,吸引人们的注意力,其效果如图 1.4.4 所示。

1.4.5 湖南师范大学网站主页赏析

湖南师范大学的网页以红色为主色调,辅以绿色,让人感到青春、活力、动感,呈现年轻人的心态,给人的感觉是生机盎然,充满了互动色彩和青春气息,效果如图 1.4.5 所示。

图1.4.4　长沙市人民政府网站网页　　　　图1.4.5　湖南师范大学网站网页

【课程育人】

　　案例引入和本节色彩相关的知识，使我们认识到色彩的作用。我们要熟悉色彩的特点，对网页色彩进行正确运用，在网络平台产生正向引导，让用户有美的享受，心情愉悦。

技能训练

　　请根据所学知识用红色系列、橙色系列、黄色系列加黑白灰配三套红色景点旅游网站的颜色，并请详细写出配色方案。

　　要求：

　　1.每套方案不超过3种颜色；

　　2.每套方案都要确定1种主色与2种辅色。

模块2　网站的创建与管理

创建网站是网站制作的基础。只有学会了创建网站,才能进一步学习网站制作中的细节。

【学习目标】

知识目标:

1. 了解网页的开发工具及软件;

2. 了解网站建设流程;

3. 掌握创建和管理本地站点的方法。

技能目标:

1. 能了解网页的开发工具及软件;

2. 能了解网站建设流程;

3. 能创建和管理本地站点;

4. 能创建主页。

素质目标:

1. 通过创建本地站点,培养学生严谨务实、精益求精的工匠精神。

2. 通过管理本地站点,培养学生个人服从整体、局部服从大局、做事坚持到底的优良品质。

3. 通过创建主页,培养学生拥有梦想、独立创新的思维意识。

任务2.1　网页的开发工具

【案例引入】

1987 年,43 岁的退役解放军团级干部任正非,与几个志同道合的中年人,以凑来的 2 万元人民币创立了华为公司。创立初期,华为靠代理香港某公司的程控交换机获得了第一桶金,他选择走技术自立、发展高新技术的实业之路,将华为的所有资金投入到研制自有技术中。1997 年圣诞节,任正非走访了美国 IBM 等一批著名高科技公司,所见所闻让他大为震撼,他第一次那么近距离、那么清晰地看到了华为与国际巨头的差距。任正非回到华为后不久,一场持续五年的变革大幕开启。华为进入了全面学习、反思自身、提升内部管理的阶段。经过 20 年的时间,华为成为全球第二大电信设备制造商和服务商,并跻身世界 500 强,成为中国高科技企业的标杆。

【案例分析】

在中国,华为没有任何经验可以借鉴,只有勤奋、学习、创新和坚持。任正非的成功秘诀:低调、刻苦、学习和坚持。这同样可以用在我们的学习中。

【主要知识点】

2.1.1 用手工直接编写

微课2.1 网页的开发工具

由于 HTML 语言编写的文件是标准的 ASCII 文本文件,所有的记事本工具都可以作为它的开发环境,所以可以使用任何文本编辑器来打开并编写 HTML 文件。HTML 文件的扩展名为 .html或.htm,将 HTML 源代码输入记事本并保存之后,可以在浏览器中打开文档以查看其效果。

使用记事本编写 HTML 文件的具体操作步骤如下:

第一步:单击 Windows 桌面上的"开始"按钮,选择"所有程序"→"附件"→"记事本"命令,打开一个记事本,在记事本中输入 HTML 代码,如图 2.1.1 所示。

第二步:编辑完 HTML 文件后,选择"文件"→"保存"命令或按 Ctrl + S 快捷键,在弹出的"另存为"对话框中选择"保存类型"为"所有文件",然后将文件扩展名设为. html 或 . htm,如图 2.1.2 所示。

第三步:单击"保存"按钮,保存文件。打开网页文档,在浏览器中预览,如图 2.1.3 所示。

图 2.1.1 手工直接编写网页

图 2.1.2 保存为. html 或. htm 网页文件

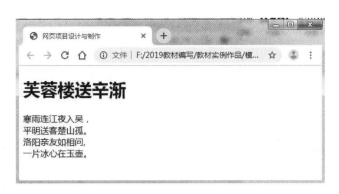

图 2.1.3 浏览网页

2.1.2 使用 Dreamweaver 可视化软件编写

Microsoft 公司的 Frontpage，Adobe 公司的 Dreamweaver 和 Golive 等软件均可以可视化的方式进行网页编辑制作。在实际应用中，一般使用 Dreamweaver。

Adobe Dreamweaver，简称"DW"，中文名称为"梦想编织者"，是美国 Adobe 公司开发的集网页制作和网站管理于一身、所见即所得的网页编辑器。DW 是第一套针对专业网页设计师特别开发的视觉化网页开发工具，利用它可以制作出跨越设备平台和浏览器限制的充满动感的网页。Dreamweaver CC 的操作界面如图 2.1.4 所示。

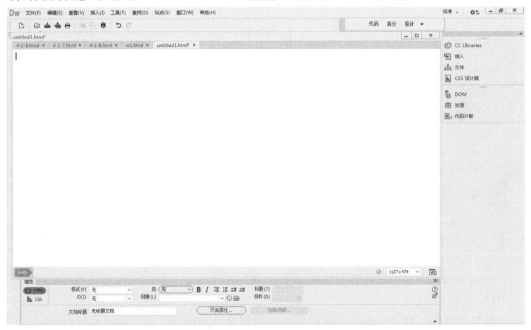

图 2.1.4 Dreamweaver CC 的操作界面

Dreamweaver CC 2019 是其最新版本，本书就以该软件为例介绍网页设计与制作的相关知识（为便于讲解，后面统一称为 Dreamweaver CC）。

1）启动 Dreamweaver CC

安装 Dreamweaver CC 2019 后，单击桌面上的或桌面左下角的"开始"按钮里面的"Adobe Dreamweaver CC 2019"，就可以启动 Dreamweaver CC 2019，如图 2.1.5 所示。

图 2.1.5　Dreamweaver CC 2019 程序图标

提示：启动 Dreamweaver CC 后，如果想要重新设置主题顾色，可以选择"编辑"选项，在打开的对话框左侧列表中选择"界面"，即可在右侧修改主题颜色。

2）认识 Dreamweaver CC 工作界面

启动 Dreamweaver CC，由图 2.1.6 可以看出，2019 版的 Dreamweaver CC 工作界面比较简洁，主要由菜单栏、工具栏和文档标签栏等组成。

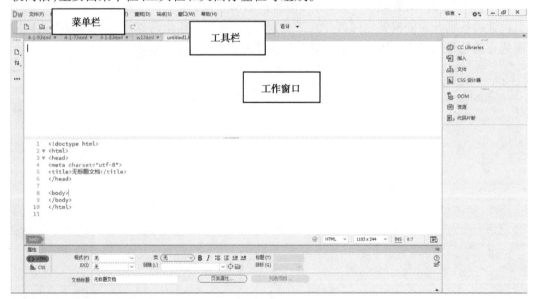

图 2.1.6　Dreamweaver CC 工作界面

Dreamweaver CC 的操作界面说明如下：

（1）菜单栏

与其他软件一样，Dreamweaver 中所有的操作命令都可以在这个区域内找到。

（2）插入栏

插入栏包含一些按钮，可以提供各种文档窗口视图的选项、各种查看选项和一些常用操作。

（3）文档窗口、工作区域

该区域是网页或代码的编辑区。

（4）面板组

面板组包括设计面板、代码面板、应用面板、文档面板等，主要实现特定的功能。

（5）属性面板

在该区可以对选中的对象进行一些设置。

（6）文档标签栏

文档标签栏左侧显示当前打开的所有网页文档的标签（标签上显示相应网页文档的名称）及其关闭按钮；右侧显示当前文档在本地磁盘中的保存路径以及向下还原按钮，文档标签下方显示当前文档中包含的文档以及链接的文档。当用户打开多个网页时，通过单击文档标签可在各网页之间切换。另外，单击下方的包含文档或链接文档，同样可打开相应文档，如图2.1.7所示。如果文档名后带一个"＊"号，表示网页已修改但未保存。

（7）文档工具栏

文档工具栏位于文档标签栏上方，包括代码、拆分、设计视图等按钮，如图2.1.8所示。

图2.1.7　文档标签栏　　　　　　　　　　图2.1.8　文档工具栏

①代码视图：在文档窗口中显示代码视图。代码视图是一个用于编写HTML、CSS、JavaScript服务器语言（如PHP或ColdFusion标记语言（CFML））以及其他任何类型代码的手工编码环境，如图2.1.9所示。在Dreamweaver设计视图中对网页文档进行的操作，也将自动转换为相应的网页代码。

②设计视图：在文档窗口中显示设计视图。在设计视图中看到的网页效果类似于在浏览器中看到的效果，用户可在该视图中直接编辑网页中的各个对象，如图2.1.10所示。

③实时视图：单击"设计"按钮右侧的小三角，在其下拉列表中有实时视图，其与设计视图类似，但能更逼真地显示文档在浏览器中的效果，还可以像在浏览器中一样与文档进行交互，如图2.1.11所示。

图 2.1.9 代码视图

图 2.1.10 设计视图

④拆分视图:在文档窗口中同时显示代码视图和设计视图。这样当用户在代码视图中编辑网页源代码后,单击设计视图中的任意位置,会立刻在设计视图中看到相应的编辑结果,如图 2.1.12 所示。

图 2.1.11 实时视图

图 2.1.12 拆分视图

(8)状态栏

状态栏位于文档窗口底部,它提供与当前文档相关的一些信息,如图 2.1.13 所示。

图 2.1.13 状态栏

(9)插入面板

插入面板包含用于创建和插入对象(如表格、图像和链接)的按钮,这些按钮按几个类别进行组织,默认显示为“HTML”类别,如图 2.1.14 所示。也可以单击其右侧的下拉按钮,在弹出的列表中选择其他类别,如图 2.1.15 所示。

①HTML 类别:用于创建和插入 HTML 元素,如 Div 标签、图像、段落、标题等。

图 2.1.14　插入面板"HTML"类别　　　　图 2.1.15　插入菜单其他类别

②表单类别：用于创建表单和插入表单元素。

③模板类别：用于创建模板，并将特定区域标记为可编辑、可选、可重复等区域。

④Bootstrap 组件：用于插入 Bootstrap 组件，如按钮组、下拉菜单、输入框组、导航、分页等。

Bootstrap 是简洁、直观、强悍的前端开发框架，使用它可以让 web 开发更简单、快速。

⑤jQuery Mobile：用于插入基于 jQuery 的移动设备网页制作工具，以创建移动设备网页。

⑥jQueryUl：用于插入基于 jQuery 的用户界面库，包括缩放、对话框等多个组件。

jQuery 是一个快速、简洁的 JavaScript 代码库（或 JavaScript 框架）。它封装 JavaScript 常用的功能代码，提供一种简便的 JavaScript 设计模式，优化 HTML 文档操作、事件操作、动画设计和 Ajax 交互。

（10）"文件"面板

使用"文件"面板可查看和管理站点中的所有文件和文件夹，包括素材文件和网页文件，如图 2.1.16 所示。

（11）"CSS 设计器"面板

使用"CSS 设计器"面板可以"可视化"地创建 CSS 样式和规则，并设置属性和媒体查询，如图 2.1.17 所示。

图 2.1.16 "文件"面板

图 2.1.17 "CSS 设计器"面板

"CSS 设计器"面板由以下窗格组成：

①源：列出与文档相关的所有 CSS 样式表。单击窗格左上方的"＋"按钮，可以创建新的 CSS 文件或将已有的 CSS 文件附加到文档,也可以在页面中定义样式。

②@ 媒体：显示在"源"窗格中所选样式文件中的全部媒体查询。如果不选择特定CSS,则此窗格将显示与文档关联的所有媒体查询。

③选择器：显示在"源"窗格中所选样式文件中的全部选择器。如果同时还选择了一个媒体查询,则此窗格会为该媒体查询缩小选择器列表范围。如果没有选排 CSS 或媒体查询,则此窗格将显示文档中的所有选择器。

3）利用 Dreamweaver 编写一个网页文件

经过对 Dreamweaver CC 初步了解,我们会利用它来制作第一个网页文件。

①单击文件菜单里面的"新建",选"HTML"文档类型,输入标题名称,单击右下角的"创建"按钮就创建了一个新的网页文件,如图 2.1.18 所示。

②在新建的网页中输入文字"我的第一张网页"。

③单击文件菜单里面的"实时浏览",选择一个浏览器,在跳出询问是否要保存的面板上选"是",将文件命名保存。

④浏览器里面出现网页内容,如图 2.1.19 所示。

图2.1.18　利用 DW 创建网页文件　　　　图2.1.19　第一个网页文件

【课程育人】

1. 学习用 TXT 文本文件写 HTML 网页文件与使用 Dreamweaver 软件制作编写网页，同时坚定成功梦想，培养坚持不懈的学习精神与不怕苦、不怕累、坚持到底的信念，为以后的成功积累基础。

2. 学习 Dreamweaver 的安装、启动过程，熟悉界面常用功能模块并制作第一个网页文件，形成认真细心、严谨务实的学习作风。

【课堂互动】

1. 如果要使用 Dreamweaver 面板组，需要通过如下的哪个菜单实现？（　　　）。

　　A. 文件　　　　　　　B. 视图　　　　　　　C. 插入　　　　　　　D. 窗口

2. 下面关于设计网站结构的说法中，错误的是（　　　）。

　　A. 按照模块功能的不同分别创建网页，将相关网页放在一个文件夹中

　　B. 必要时应建立子文件夹

　　C. 尽量将图像和动画文件放在一个文件夹中

　　D. "本地文件"和"远端站点"最好不要使用相同的结构

3. 在 Dreamweaver MX 2004 中快速打开"文件"面板的快捷键是（　　　）。

　　A. Ctrl + F8　　　　B. F8　　　　　　　C. Alt + F8　　　　　D. Shift + F8

4. 关于 Dreamweaver 工作区的描述中，正确的是（　　　）。

　　A. 属性工具栏不能被隐藏　　　　　　　B. 多个窗口不能层叠放置

　　C. 可以根据自己的喜好来定制　　　　　D. 不能调节工作区的大小

任务2.2　网站创建流程

【案例引入】

雷军,中国互联网十大创业精英人物,小米商城创始人、董事长兼CEO。大学时,因读了一本讲述盖茨、乔布斯早年创业传奇的书《硅谷之火》,产生极大触动,开始创业,曾创办了三色公司,但半年就被迫解散。对此,雷军有了三点反思:一、要有明确的盈利模式;二、要有前瞻的市场意识;三、要有一定的团队管理能力。雷军从一开始就决定要打破手机硬件行业的游戏规则,要用互联网的方式来做手机硬件。2010年4月6日,他和几位合伙人创建了北京小米科技有限责任公司。至此,小米科技和雷军的未来蓝图已经如一幅卷轴,慢慢变得清晰:靠小应用启动公司、锻炼团队;靠MIUI掌握独立操作系统,并且提升品牌、积累粉丝;在大量粉丝的基础上推出手机硬件,完成一定量的销售,并且把论坛粉丝转化为手机粉丝;在手机销售增长的基础上,绑定米聊以及更多的手机应用,做一个本土的APPStore。2011年8月16日,雷军发布了代号为"米格机"的第一代小米手机。

雷军说,我相信过很多东西,比如聪明加勤奋天下无敌,但年龄越大,越觉得1%的灵感超过了99%的汗水。主流教育告诫大家要勤奋,我觉得勤奋是基本功,重点还是要把握大势。

【案例分析】

雷军在创业时一直有清晰的规划蓝图,并按照这个蓝图一步一步坚实地走下去,获得巨大成功。勤奋是基本功,重点还是要把握大势,这个大势,即一个整体规划,简言之,长远的目标加上刻苦、努力、钻研、坚持。我们制作网站也是一样,要先做好网站规划,确定制作网站的步骤,一步步认真制作下去,就能制作出精美的网站来。

【主要知识点】

2.2.1　网站规划

1)网站规划的概念

网页是怎么设计出来的?网站又是怎样建成的?建网站首先要规划网站。网站规划是指在网站建设前对市场进行分析,确定网站的目的和功能,并根据需要对网站建设中的技术、内容、费用、测试、维护等作出规划。网站规划对网站建设起到计划和指导的作用,对网站的内容和维护起到定位作用。

2)明确建设网站目的及其功能定位

①根据客户提出的需求,明确建设网站的目的。

②分析拥有的资源,例如文字、图像、人力等资源,确定网站功能与作用。

③网站费用预算。其费用一般与功能要求成正比关系。

3)形成网站技术解决方案

选择网站制作工具,例如 Dreamweaver、PhotShop、Flash 等进行静态网页制作。

4)确定网站结构

长沙某某学院主页下面有学院概况、新闻资讯、院务公开、教育教学、系部设置、学工在线等二级栏目,如图2.2.1 所示。系部设置下面又有信息技术系、经济管理系、汽车工程系等三级栏目。

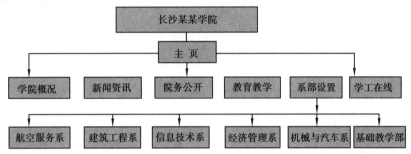

图2.2.1 长沙某某学院网站结构

2.2.2 网站实施

1)进行网页设计

①进行主页设计与制作,流程如下:

DIV + CSS 布局排版—网站 logo 及 banner 制作—网站导航制作—网页文字制作—网页特效制作。

②进行子页设计与制作。

微课2.2 网站建设流程

该步骤非常关键,需要网页设计者与客户充分沟通。可以采用手工绘制网页的草图,利用 Dreamweaver 或者 Frontpage 等网页开发工具,制作网页效果图或者网页原型。客户通过效果图,了解网站设计的目的、意图和设计思路,提出改进意见建议。

2)进行网页特效编写

使用 HTML、CSS、JavaScript 等对网页特效进行设计、编写。

3)网站动态内容制作

使用 ASP、JSP、PHP 等网页编程语言,在静态网页的基础上进行编写,使其实现动态网页的功能。

2.2.3 网站测试与发布

网站制作完成以后,不能直接就上传到服务器,提交给客户使用之前,需要进行测试。

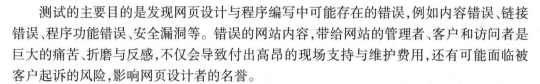

测试的主要目的是发现网页设计与程序编写中可能存在的错误,例如内容错误、链接错误、程序功能错误、安全漏洞等。错误的网站内容,带给网站的管理者、客户和访问者是巨大的痛苦、折磨与反感,不仅会导致付出高昂的现场支持与维护费用,还有可能面临被客户起诉的风险,影响网页设计者的名誉。

1)网站测试

①网页元素:各种插件、数据库、图标、图像、链接等是否工作正常。

②兼容性:网页对不同版本浏览器的兼容情况。

③显示效果:网页在不同显示器和不同显示模式下的情况等。

2)网站项目的发布

网站经过测试,确认无误以后,就可以进行发布了。

网站的发布就是把制作好的网站内容上传到服务器,可以使用 Dreamweaver 或者 FTP等软件来完成。

2.2.4　网站推广与维护

1)网站的推广

Internet 是大数据型的信息海洋。要想使精心策划的网站受到广泛欢迎,知名度高,带来经济效益,网站的宣传推广尤其重要,这也是任何一位网页设计师不懈努力工作的动力之源,以及热情工作的快乐之本。

2)网站的维护

网站的内容要随着用户需求、社会变化、市场经济活动的改变而调整。

网站维护是指对网页内容进行更新,对网站运行状况进行监控,发现运行的问题及时解决,统计运行情况,开展网站维护服务。

网站的维护服务一般包括以下内容:

①更新。例如内容的更新和网站风格的更新。

②重要页面的设计制作。例如重大事件、庆祝活动、突发事件等页面的设计制作。

③系统维护服务。例如用户账户安全管理、域名维护续费服务、网站空间维护、网络安全策略升级、域名解析服务等。

【课堂育人】

从网站的建设流程的学习中,我们掌握网站建设的四个步骤非常重要,同时也需要培养以下基本素质:

1.不管生活还是工作,都要有长远目光,有规划大局的意识,以及坚定的思想立场与原则。

2.在设计制作网站时,我们要培养自己的总览全局、步步到位的规划能力与步步递进的逻辑思维能力。

【课堂互动】

1. 不属于网站制作工具的有(   )。
   A. Dreamweaver   B. PhotShop   C. PHP   D. Autocad
2. 属于网站测试的内容有(   )。(多选)
   A. 兼容性   B. 网页元素   C. 数据库   D. 显示效果
3. 简述建设网站建设的基本流程。

任务2.3 站点的创建与管理

【案例引入】

　　林为干,著名的微波理论专家,我国微波学的奠基人之一。新中国成立,林为干在美国获得博士学位后,婉言谢绝了导师温纳里让其留校的邀请,毅然冲破阻力回到祖国。1956年,林为干服从组织安排,举家西迁成都,参与组建成都电讯工程学院(今电子科技大学),并将一生奉献给了这所高校。1980年,林为干当选为中国科学院院士,此后的七八年时间里,林为干发表了130余篇学术论文,并攻克了电磁学界的"哥德巴赫猜想",微波学界为此欢呼不已。鉴于林为干在微波理论研究的巨大成就,他被称为"中国微波之父"。中国电子科技大学设立"林为干"班,旨在传承林先生"做一辈子研究生"的学术精神和爱党爱国的崇高道德。

【案例分析】

　　我们要学习林为干先生的穷其一生都在执着钻研、学习,坚定为科研献身"做一辈子研究生"的学术精神和爱党爱国的高尚品德,为后面的网站创建与管理打下基础。

【主要知识点】

2.3.1 创建站点

1) 创建网站过程(以创建图书站点为例)

微课2.3 站点创建与管理

　　①在本地磁盘(尽量不选系统启动磁盘如C盘)创建一个新文件夹作为本地站点根文件夹,以便存放相关文档。此处在D盘新建一个名为"起点图书网站"的文件夹,并在其中嵌套三个分别名为"images""CSS""html"的文件夹。

　　②启动Dreamweaver CC,在菜单栏中选择"站点"→"新建站点",如图2.3.1所示。

　　③弹出"站点设置对象"对话框,默认显示"站点"选项,在"站点名称"文本框中输入站点名称,此处为"起点图书网站"。单击"本地站点文件夹"编辑框右侧的"浏览文件夹"

按钮,在打开的"选择根文件夹"对话框中选择前面创建的文件夹"起点图书网站",然后单击"选择文件夹"按钮,设置网站根文件夹,如图2.3.2所示。

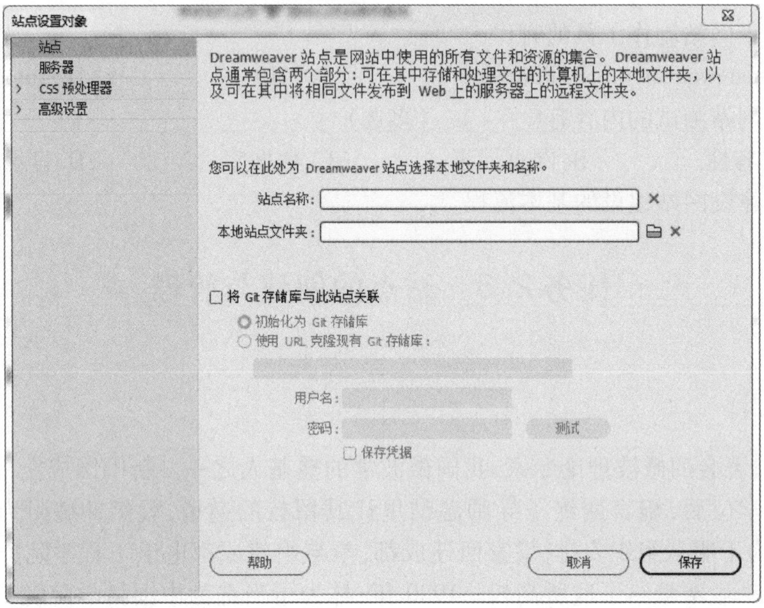

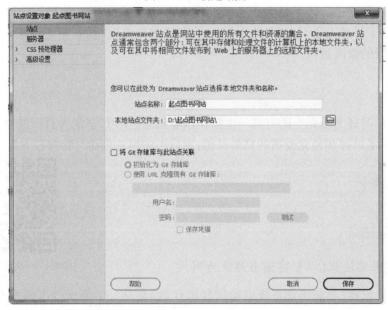

图2.3.1 新建站点

图2.3.2 设置站点信息

④设置服务器信息。在左侧列表中单击"服务器"选项,对话框右侧将显示服务器相关信息。站点服务器信息可以暂时不填写,在上传网站时再添加。

⑤高级设置。对"高级设置"部分,仅设定"本地信息"即可,如图2.3.3所示。设定

好后,直接单击"保存"按钮,新的站点就创建完成了。

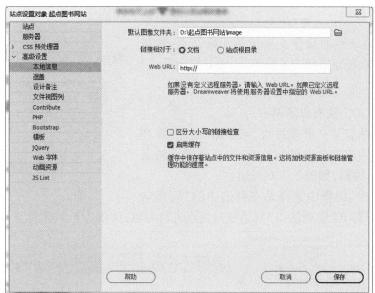

图 2.3.3　设置本地信息

2)打开本地站点

打开本地站点的方法有以下两种:

①在菜单栏中选择"站点"→"管理站点"菜单命令,弹出如图 2.3.4 所示的"管理站点"对话框,选择要打开的站点,单击"完成"按钮即可。

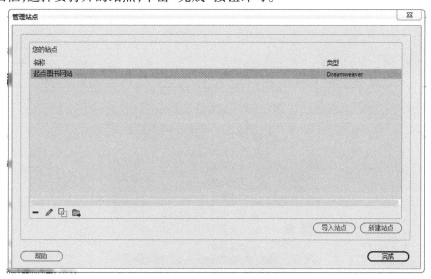

图 2.3.4　"管理站点"对话框

②在"文件"面板的"站点"下拉列表中选择已创建的某个站点,也可将其打开,如图 2.3.5 所示。

2.3.2　管理站点

管理本地站点的操作主要包括编辑站点、复制站点、删除站点和导出导入站点等，下面分别介绍。

1）编辑站点

编辑站点的方法有以下两种：

①选择"站点"→"管理站点"菜单命令，在"管理站点"对话框中双击要编辑的站点，即可弹出此站点相关信息进行编辑，如图2.3.6所示。

②在"文件"面板中选择站点列表中的"管理站点"选项，也可打开"管理站点"对话框对站点进行编辑，如图2.3.7所示。

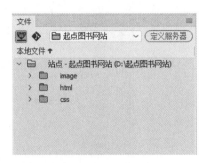

图2.3.5　文件面板

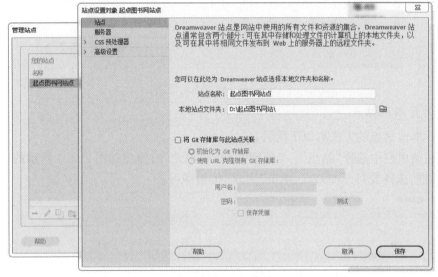

图2.3.6　编辑站点方法一

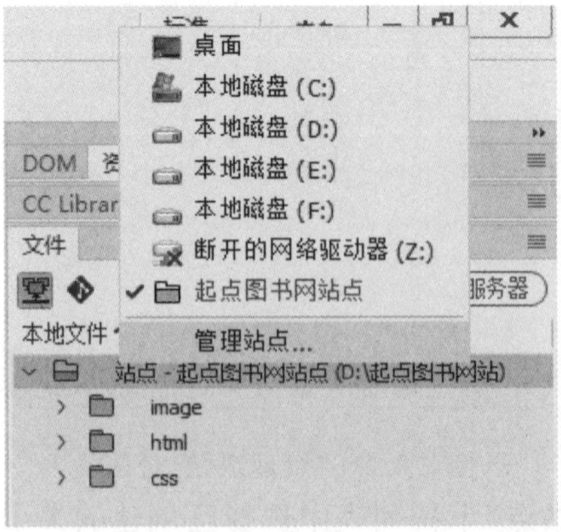

图2.3.7　编辑站点方法二

2）复制站点

在"管理站点"对话框中选择要复制的站点（此处选择"起点图书网站"），单击"复制选定的站点"按钮，在站点列表中即增加一个新的站点"起点图书网站"复制，表示该站点是"起点图书网站"的复制，如图2.3.8所示。双击复制产生的站点，可以对其进行编辑操作，如改变站点名、改变站点文件夹位置等。

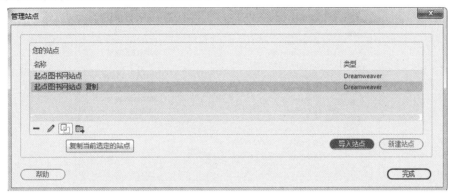

图2.3.8　复制站点

3）删除站点

在"管理站点"对话框中单击要删除的站点名，再单击"删除当前选定的站点"按钮，在弹出的对话框中单击"是"按钮以确认删除，单击"否"按钮则取消删除。

删除站点操作仅将站点信息从 Dreamweaver 中删除，而站点文件还保留在硬盘原来的位置上，并没有被删除。

4）导出和导入站点

在 Dreamweaver CC 中，可以将现有站点导出为一个站点文件，也可以将站点文件导入为一个站点。导出、导入作用在于保存及恢复站点和本地文件的关联。

（1）导出站点

①在"管理站点"对话框的站点列表中单击选中要导出的站点，再单击"导出当前选定的站点"按钮，如图2.3.9所示。

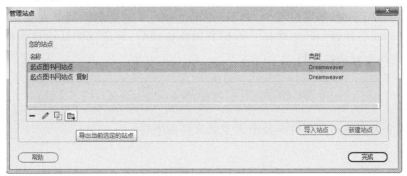

图2.3.9　导出当前所选网站

②在弹出的"导出站点"对话框中为导出的站点文件设置保存位置和名称,然后单击"保存"按钮,如图2.3.10所示。

图2.3.10 导出网站窗口

导出的站点文件扩展名为".ste",本例实现将"起点图书网站"导出至D盘根目录下,命名为"起点图书网站点.ste"。

(2)导入站点

在"管理站点"对话框中单击"导入站点"按钮,在弹出的"导入站点"对话框中选择要导入的站点文件(后缀为.site的文件),单击"打开"按钮,站点文件将导入站点中。

2.3.3 建立网页

在文件面板里面的站点名称上单击右键,在跳出来的菜单命令中选第一个"新建文件"命令,站点内容下面会出现一个"untitled.html"文件,将它命名,网页文件就创建好了。双击这个网页文件,它就显示在Dreamweaver CC程序的视图区,我们就可以编辑它。

【课程育人】

在创建网站、主页、子页过程中,离不开团队协作,一定要意识到个人服从整体、局部服从大局的团队合作意识的重要性。在提升团队意识时,要增强团队成员责任心和责任感,才能完成一个复杂的项目。

【课堂互动】

请完成个人网站站点文件夹及个人主页文件的创建。

任务2.4　项目实施:旅游网站的创建

【案例引入】

如果说数学是自然科学皇后,"哥德巴赫猜想"则是皇后王冠上的明珠!"哥德巴赫猜想"像磁石一般吸引着陈景润。从此,陈景润开始了摘取数学皇冠上的明珠的艰辛历程。

不管是酷暑还是严冬,陈景润在那不足 6 m² 的斗室里,食不知味,夜不能眠,潜心钻研,光是计算的草纸就足足装了几麻袋。1957 年,陈景润被调到中国科学院研究所工作,他更加刻苦钻研。经过 10 多年的推算,在 1965 年 5 月,发表了他的论文《大偶数表示一个素数及一个不超过 2 个素数的乘积之和》。论文的发表,受到世界数学界和著名数学家的高度重视和称赞。英国数学家哈伯斯坦和德国数学家黎希特把陈景润的论文写进数学书中,称为"陈氏定理"。对于陈景润的贡献,中国的数学家们有过这样一句表述:陈景润是在挑战解析数论领域 250 年来全世界智力极限的总和。

【案例分析】

陈景润对数学有浓厚的兴趣,为了使自己梦想成真,陈景润潜心钻研,坚持不懈。他的钻研精神是我们学习的典范。

在了解了站点的基本操作后,接下来通过创建旅游网站"tourism"本地站点,进一步加强和巩固前面的学习。

【主要知识点】

2.4.1　创建站点

①创建本地站点文件夹。打开"我的电脑"→D 盘→新建文件夹→命名为"tourism"→在旅游网站里面新建"image""CSS""JS"三个文件夹,如图 2.4.1 所示。

微课 2.4　项目实施

②启动 Dreamweaver CC,依次单击站点菜单→新建站点,在站点名称框里输入:"tourism",点击本地站点文件夹名称框旁边的小按钮,在弹出的窗口左侧选计算机→本地磁盘 D,在右侧的内容区选上一步建立的 tourism 文件夹,如图 2.4.2 所示。文件面板会出现网站的内容与信息,如图 2.4.3 所示。

2.4.2　创建网站主页

①在文件面板里面的"旅游网站"站点名称上单击右键,在弹出来的菜单命令中选择"新建文件",如图 2.4.4 所示。

图 2.4.1　本地网站文件夹的建立

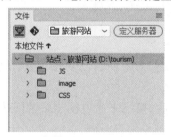

图 2.4.2　网站的设置

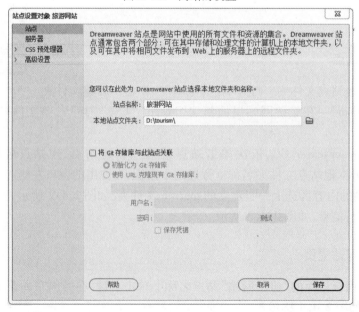

图 2.4.3　文件面板的网站

②站点内容下面会出现一个"untitled. html"文件,将它命名为"index. html",主页文件创建完毕,如图2.4.5所示。

图2.4.4　在文件面板里新建主页　　　　图2.4.5　主页文件创建

③双击"index. html"文件,它就被打开在 Dreamweaver CC 程序的视图区,我们就可以编辑它,如图2.4.6所示。

图2.4.6　编辑主页文件

④创建网站子页,方法与主页相同。主页是唯一的,而子页可以有很多个。

【课程育人】

1.陈景润对数学的痴迷让学生切身体会数据分析和严谨求实态度的相辅相成,意识到数据工作严谨性和客观性,尤其是对于国家经济社会发展的重要性,使学生养成严谨的工作作风,树立实事求是的科学态度。

2.旅游网站的创建,让我们学会全面整体地看问题,树立正确的人生观、价值观。

技能训练

1.在本地硬盘 D 盘中建立网站文件夹"school",路径是"D:\school"。

2.启动 Dreamweaver CC 程序,利用"站点"→"新建站点"命令建立校园网站。

3.进入站点命令面板,建立网站主页"index.html"。

4.双击"index.html"进入编辑界面,输入文字"欢迎浏览长沙南方职业学院校园网站主页!"。

5.按 F12 键,预览网页效果。

模块 3　HTML5 的基础知识

HTML 是"超文本标记语言"的含义,是制作网页的基础知识,网页里面的元素多数都是用 HTML 写成的。HTML5 是指第 5 代 HTML,是 HTML 最新的修订版本。

【学习目标】

知识目标:

1. 了解 HTML 的发展历史及简介;

2. 了解 HTML5 的特点及作用;

3. 掌握 HTML5 的基本结构;

4. 掌握 HTML5 的基本标签结构。

技能目标:

1. 能编写 HTML5 基本结构;

2. 能编写 HTML5 基本标签结构。

素质目标:

1. 通过 HTML5 文件基本结构的编写来培养认真刻苦、勇于探索的精神;

2. 通过 HTML5 文件基本标签的编写来培养一丝不苟、精益求精、严谨务实的工匠精神。

任务 3.1　HTML5 简介

【案例引入】

中国计算机之父董铁宝,1916 年 8 月生于江苏省武进县,1945 年抗战胜利后,他途经印度乘船赴美留学,1946 年 1 月开始在普渡大学土木系攻读研究生并担任助教,1947 年至 1950 年在伊利诺伊大学力学系攻读博士学位,之后留校任助理教授、副教授。在强烈的爱国心驱动下,董铁宝于 1956 年毅然放弃在美国享有的优越生活,突破重重障碍,回到祖国,留在北京大学计算机教研室担任教授。当时的 103 型计算机,每秒运行速度也才 1 500 次。就算是美国的第一代计算机,也就 5 000 次每秒的速度。而董铁宝在 20 世纪 60 年代初,就已经开始研究每秒百万次运行速度的计算机了。

【案例分析】

网页文件是用标记语言书写的,HTML 是网页设计的基础语言。通过 HTML5 文件基本结构与基本标签的编写,我们应该培养像董铁宝先生一样勇于探索、精益求精、严谨务实的工匠精神,以及治学严谨、低调、淡泊名利的高风亮节、科研报国的赤子情怀。

【主要知识点】

3.1.1 HTML 简介

HTML(Hyper Text Markup Language)是超文本标记语言,它是一种标记语言,由一对对的标签组成,如 < html > </html > , < head > </head > , < title > </title > , < body > </body >等,HTML 使用这些标记标签来描述网页。HTML 命令可以包含文字、图形、动画、声音、表格、链接等。HTML 作为一种网页编辑语言,易学易懂,能制作出精美的网页效果,其他的专用网页编辑器(如 FrontPage、Dreamweaver)都是以 HTML 为基础,HTML 文件的文件扩展名为. htm 或. html。

3.1.2 HTML5 简介

HTML5 是 HTML 最新的修订版本。2014 年 10 月,万维网联盟(World Wide Web Consortium,W3C)完成 HTML5 标准的制定,即 HT-ML5 是一个标准而不是一种技术。设计 HTML5 的目的是在移动设备上支持多媒体。

微课 3.1 HTML5 简介

HTML5 是新一代 HTML 标准,如图 3.1.1 所示。HTML5 的上一个版本 HTML4.01 诞生于 1999 年,在那以后,Web 世界经历了巨变,目前,HTML5 仍处于完善之中,然而大部分现代浏览器已经支持 HTML5 标准。

3.1.3 HTML5 的改进

HTML5 给人们带来了很多人性化的改变,包括新的解析顺序、新的元素、新的方法、新的 input 属性等。HTML5 可以实现更具结构化、语义化的 Web 文档,方便搜索引擎索引站点。作为下一代的网页语言,HTML5 拥有很多让人期待的新特性,例如利用 video 标签,在网页中能像添加图片一样简单地添加视频,利用 HTML5 技术能够在移动设备上轻易地播放多媒体影音效果。

图 3.1.1 HTML5

1)视频

对多媒体的支持是 HTML5 的一大亮点。使用"video"标签,能让 HTML5 提供对视频文件的直接支持。用户不需借助第三方的插件(如 Flash 等),省去了中间繁杂的配置环节,并且运行环境的变化带来了性能上的提升和资源上的节约。video 标签支持 Ogg、

MPEG4、WebM 等视频格式文件,允许包含多个 source(源)元素。source 元素可以链接多个不同的视频文件,浏览器会使用第一个可以识别的文件。

2)音频

HTML5 对多媒体支持的第二个关键元素是对音频的支持,使用"audio"标签,其使用方法与 video 标签相似。支持的音频文件格式主要包括 wav、mp3、ogg。ogg 全称是 OG-GVobis,是一种音频压缩格式,类似于 MP3 音乐格式。

3)HTML5 的 Web 存储

HTML5 提供了两种在客户端存储数据的方式:localStorage 和 sessionStorage。在 HT-ML4 中,客户端数据的存储主要依靠 cookie 来实现,但 cookie 的缺点是不适合大数据的存储,因为它们的传递依赖于对服务器的请求,这使得 cookie 的速度慢且效率低下。在 HT-ML5 中,数据不是由每个服务器请求传递的,而是只有在请求时使用数据,从而使得在不影响网站性能的情况下存储大量的数据成为可能。对于不同的网站,数据存储于不同的区域,并且一个网站只能访问其自身的数据。HTML5 使用 JavaScript 来存储和访问数据。

4)新的 input 类型

HTML5 提供了新的 input 类型,这些新的类型可以让其对用户输入数据的验证变得更加简单方便,主要有以下几种类型:email、url、number、range、date、pickers(date、month、week、time、datetime、datetime-local),search、color。新的 input 类型提供了新的 email、URL 地址、数字、范围、日期选择、搜索、颜色类型,在提交页面时会自动进行验证。在以前的操作中,主要使用 JavaScript 脚本来验证用户输入数据的合法性。

5)新的表单类型

HTML5 添加了新的表单类型,主要有以下几种:

①datalist。datalist 元素规定输入域的选项列表,列表是通过 datalist 内的 option 元素创建的。

②keygen。keygen 元素的作用是提供一种验证用户的可靠方法。

③output。output 元素用于不同类型的输出,如计算或脚本输出。

6)新增加的语义元素

HTML5 添加了 < article > , < aside > 等很多语义元素。

3.1.4　HTML5 的应用

1)HTML5 的应用

据不完全统计,至少有超过 80% 的 App 都整合了 HTML5 技术,微信、淘宝、支付宝、QQ、Facebook、Twitter 等都是典型的例子。移动网站、轻应用、微网站、手机网页也在迅猛发展,主流媒体和电商平台都已上线移动网站或轻应用版本。

未来 HTMI5 必定在"互联网 +"的各行各业中获得广泛应用。Web 也必然逐步向HTML5 迁移,以强化网页的表现技能。

2）支持 HTML5 的浏览器

支持 HTML5 的浏览器有 Firefox、IE10 和 IE10 以上版本，Chrome（谷歌浏览器）、Opera、Safari 等；Maxthon Browser（傲游浏览器）、360 浏览器、QQ 浏览器、搜狗浏览器、猎豹浏览器等国产浏览器也有支持 HTML5 的能力。

①IE。IE10 以上版本支持。

②Firefox。Firefox 4.0 以上版本支持。

③Chrome。Chrome6 以上版本支持。

④Opera。Opera10.6 以上版本支持。

⑤Safari。Safari3.1 以上版本支持大部分。

图 3.1.2　HTML5 的应用

【课程育人】

本任务主要讲述了 HTML5 的历史、概念、应用环境、浏览器兼容等知识点，让我们对 HTML5 有了初步的了解，并期待后面的学习，同时也学习像董铁宝先生一样一丝不苟、精益求精、严谨务实的工匠精神。

【课堂互动】

1. 简述 HTML5 的特点。

2. 简述 HTML5 的改进之处。

任务3.2　HTML5 文件基本结构

【案例引入】

近代科学先驱、著名工程师詹天佑，在国内一无资本、二无技术、三无人才的艰难局面面前，满怀爱国热情，受命修建京张铁路。他以忘我的吃苦精神，走遍了北京至张家口之间的山山岭岭，只用了 500 万元、4 年时间就修成了外国人计划需资 900 万元、需时 7 年才能修完的京张铁路。前来参观的外国专家无不震惊和赞叹。当时，美国有所大学为表彰詹天佑的成就，决定授予他工科博士学位。可是，詹天佑正担负着另一条铁路的设计任务，毅然谢绝了邀请。他这种为国家不为个人功名的精神，赢得了国内外的称赞。

【案例分析】

詹天佑不为个人功名、满怀爱国热情的精神让人敬佩，我们在学习网页代码编写时，要学习詹天佑的不畏艰难、淡泊名利的高尚品质。

【主要知识点】

3.2.1　HTML5 文件标记特征

HTML5 文件基本结构是指构成 HTML5 文件的基本结构标记。从结构上来讲,HTML 语言主要是由元素(element)组成。一般我们可以把元素看成容器,即它有起始标记和结尾标记。元素的开始标记叫作起始标记(Start Tag),元素的结束标记叫作结尾标记(End Tag),在起始标记和结尾标记之间的部分是元素体。HTML 标记在使用时必须用方括号"＜＞"括起来,而且是成对出现,无斜杠的标记表示该标记的作用开始,有斜杠的标记表示该标记的作用结束。在 HTML 中,标记的大小写作用相同,如＜TABLE＞和＜table＞都表示一个表格的开始。

3.2.2　HTML5 文件的主要结构标记

所有的 HTML5 文件一般都包括以下 5 个结构标签:

①文档声明:＜！doctype html＞。
②html 文件标签:＜html＞＜/html＞。
③文件头标签:＜head＞＜/head＞。
④标题标签:＜title＞＜/title＞。
⑤主体标签:＜body＞＜/body＞。

新建一个 HTML 文件时,首先应该用＜！doctype html＞对文档进行声明,声明文档为 HTML 文档。声明有助于浏览器正确显示网页。

无论是动态页面还是静态页面,都是以"＜html＞"开始,以"＜/html＞"结尾。"＜html＞"标签后面接着是"＜head＞"标签,＜head＞＜/head＞标签中的内容在浏览器页面中是不能显示出来的,在"＜title＞＜/title＞"标签中放置的是网页标题。然后是正文"＜body＞＜/body＞"标签,也就是常说的主体区域,里面所有的内容都会通过浏览器页面呈现出来。最后以"＜/html＞"结尾,也就是网页闭合,以上是一个完整的结构,还可以再增加更多的样式和内容来充实网页。

案例【3.2.1】HTML 文件

```
＜！doctype html1＞
＜html＞
＜head＞
＜meta charset＝"utf－8"/＞
＜title＞我的第一个页面＜/title＞
＜/head＞
＜body＞
＜p＞欢迎您浏览我们的网页！＜/p＞
```

```
    </body>
    </html>
```

运行结果如图 3.2.1 所示。

图 3.2.1   我的第一个页面

【课程育人】

本任务让我们掌握了 HTML5 的文件结构标记基本特征,并学会 HTML5 文件的 5 个主要结构标记的编写。我们在编写时要学习像詹天佑一样一丝不苟、严谨务实的工匠精神。

【课堂互动】

请问 HTML5 文件的 5 个主要结构标记都是哪些? 各起什么作用?

任务3.3   HTML5 的基本标签结构

【案例引入】

1950 年,数学家华罗庚放弃在美国的终身教授职务,奔向祖国。归途中,他写了一封致留美学生的公开信,其中说:"为了抉择真理,我们应当回去;为了国家民族,我们应当回去;为了为人民服务,我们应当回去;就是为了个人出路,也应当早日回去,建立我们工作的基础,为我们伟大祖国的建设和发展而奋斗。"回国后,华罗庚进行应用数学的研究,足迹遍布全国,用数学解决了大量生产中的实际问题,被称为"人民的数学家"。

【案例分析】

华罗庚放弃在美国的终身教授职务,选择为祖国的建设和发展而奋斗,扎根基层,求真务实,勤勤恳恳。我们在学习 HTML5 标签的同时,也要树立为国家做贡献、为人民谋幸福的志向。

【主要知识点】

HTML5 文档主要由以下几个基本标签构成。

3.3.1　< html > </html >标签

HTML 文件仅由一个 html 元素组成,即文件的开始 < html > 和文件的结尾 </html >。文件的其他部分都是 html 的元素体,通常它都出现在网页开始和结束的地方,将所有原代码都包起来。它是 HTML 文档里最基本的一个标记。

3.3.2　meta 标记符

微课 3.2　HTML5 文档结构

meta 标记用于定义文件信息,对网页文件进行说明,便于搜索引擎查找,放置于 < head > </head >之间。

1)设置关键字

< meta name = " keywords " content = " value " >

多个关键字之间用","隔开,最多包含 3 ~ 5 个最重要的关键词,不要超过 5 个。

2)设置描述

< meta name = " description " content = " value " >

设置作者:

< meta name = " author " content = " 作者名 " >

3)设置字符集

HTML5 的字符集也得到了简化,只需要使用 UTF – 8 即可,使用一个 meta 标记就可以指定 HTML5 的字符集,代码如下:

< meta charset = " UTF – 8 " >

设置页面定时跳转:

< meta http – equiv = " refresh " content = " 2; URL = http://www. baidu. com " >

//自动刷新并指向新页面。其中的 2 是指停留 2 秒钟后自动刷新到 URL 网址。

3.3.3　< title > </title >文件标题标签

title 元素是文件头里唯一一个必须出现的元素,它也只能出现在文件头里。它的格式如下:

< title > 标题 </title >

标题表示该 HTML 文件的名称,是对文件的概述。不过文件的标题一般不会显示在文本窗口中,而以窗口的名称显示出来。标题的长度一般在 64 个字符以内。

3.3.4 ＜body＞＜/body＞ 文件体标签

文件体标记符由 ＜body＞ 开始，＜/body＞ 结束，它的中间是网页文档的正文部分。我们在网页中进行的所有设置，包括背景颜色设定、图片的设定、链接字体颜色设定都要放在 ＜body＞ 这对标记符里。

案例【3.3.1】＜body＞＜/body＞标签的使用

＜HTML＞

＜HEAD＞

＜META＞

＜TITLE＞网页制作教学＜/TITLE＞

＜/HEAD＞

＜BODY＞

正文，正文，正文，正文，

正文，正文，正文，正文，

正文＜/BODY＞

＜/HTML＞

3.3.5 标记的嵌套

在大多数情况下，标记必须放置在其他标记内部，这个过程被称为嵌套标记，必须先结束最靠近嵌套标记内容的标记，再按照由内及外的顺序依次进行。如：

案例【3.3.2】标记的嵌套

＜! doctype html＞

＜html＞

＜head＞

＜title＞大小写标签＜/title＞

＜/head＞

＜body＞

＜p＞这里的标签大小写一样＜/p＞

＜/body＞

＜/html＞

【课程育人】

通过案例的引入与本任务 HTML5 几个主要结构标签的详细讲述，我们可掌握网页基本结构标签的属性及用法。HTML5 标签书写要遵守一定规则：

1. 编写代码时要认真细致，严于律己。

2. 体会华罗庚不图名利、将一生所学报效祖国的爱国情怀。

【课堂互动】

请利用 HTML5 几个主要结构标签用 TXT 文档写出一个正确的 HTML 文件。

任务3.4　项目实施:基于 HTML5 的网页结构展示

下面是长沙南方职业学院主页文件头属性。我们通过它来认识 HTML5 的网页头结构。

```
<head>
// 头标签
<meta http-equiv="Content-Type" content="text/html;charset=utf-8"/> //设
置 meta 属性
<meta name="renderer" content="webkit"/>
// 浏览器默认内核的指定,页面默认用极速核进行内核渲染。
<meta http-equiv="X-UA-Compatible" content="IE=Edge,chrome=1"/>
//指定网页的兼容性模式设置
<title>长沙南方职业学院</title>
//设置网页标题
<meta name="keywords" content="长沙南方职业学院"/>
//设置关键字
<meta name="description" content="长沙南方职业学院"/>
//网页的描述,主要是给搜索引擎看的。
<link href="/skin/default/css/css.css" rel="stylesheet" type="text/css">
//外链接 css 样式文件
<script type="text/javascript" src="/skin/default/js/jquery-1.7.1.min.js">
</script>
//外链接 JS 文件
<script type="text/javascript" src="/skin/default/js/swfobject.js"></script>
<script type="text/javascript" src="/skin/default/js/tan.js">
</script>
</head>
```

技能训练

下面某在线购物网站主页的主要结构代码,请讲出有"※"符号标记的标签作用。

```
<html xmlns="http://www.w3.org/1999/xhtml">
※ <head>
```

※ < meta http-equiv =" Content-Type " content =" text/html; charset = gb2312 " / >

※ < title > 在线购物 </title >

※ < link href =" css/font. css " rel =" stylesheet " type =" text/css " / >

< link href =" css/publce. css " rel =" stylesheet " type =" text/css " / >

< link href =" css/layout. css " rel =" stylesheet " type =" text/css " / >

</head >

※ < body >

</body >

模块 4　基于 HTML5 的网页图文混排

普通网页可以通过 HTML5 标记符来实现图文混排效果。

学习目标

知识目标：

1.了解 HTML5 的常用标记符特点及作用；

2.掌握 HTML5 的文本标记符；

3.掌握 HTML5 的排版标记符；

4.掌握网页图文混排制作实施的技巧与方法。

技能目标：

1.能使用 HTML5 文本标记符；

2.能使用 HTML5 排版标记符；

3.能掌握网页图文混排制作实施的技巧与方法。

素质目标：

1.通过对 HTML5 文本标记符的学习,培养学生细心、耐心的优秀品质；

2.通过 HTML5 排版标记符的学习,培养学生严谨务实、一丝不苟的作风；

3.通过对网页图文混排制作实施的学习,培养学生热爱工作、热爱生活、努力上进的精神面貌。

任务 4.1　HTML5 的文本标记符

【案例引入】

2021 年 6 月 2 日,华为正式发布鸿蒙 HarmonyOS 2,引起国人关注。不到一周时间,HarmonyOS 2.0 用户就突破了 1 000 万；一个月以内,突破 3 000 万。目前,从开发者层面来看,鸿蒙 HarmonyOS 2.0 已覆盖 50 多万开发者,预计两年内将突破 200 万。从产业层面来看,市面上已经有 1 000 家硬件厂商,300 多家 APP 服务商参与了鸿蒙 OS 系统的生态建设过程。华为负责人称已将鸿蒙操作系统的基础代码全部捐献给了开放原子开源基金会。开源基金会由国家工信部主导主管,各个厂家都可以平等地在开放原子基金会获得代码。生态企业可以根据各自的业务诉求,做自己的产品,

图 4.1.1　鸿蒙 HarmonyOS

共同发展好鸿蒙操作系统的软件生态。

【案例分析】

代码的编写要遵守一定的规则,富有逻辑性,总结如下:

1.学习代码编写一定要刻苦钻研,理清内在联系,逻辑条理清晰。

2.学习文本标记符与排版标记符,要注意语法和细节,做到没有错误。

3.养成认真严谨、严于律己的好习惯。

【主要知识点】

4.1.1 HTML5 的文本格式标记符

微课 4.1 HTML5 的文本标记符

1)标题标记符

标题文字标记符的格式:

< Hn align = "对齐方式" > 标题文字 < /Hn >

属性 align 用来设置标题在页面中的对齐方式:left(左对齐)、center(居中)或 right(右对齐)。

说明:< H1 >到< H6 >字体大小依次递减。

在 HTML 中,用户可以通过 Hn 标记符来标识文档中的标题和副标题,其中 n 是 1 到 6 的数字。< H1 >表示最大的标题,< H6 >表示最小的标题。使用标题样式时,必须使用结束标记符。

标题内容用黑体字显示,各行之间自动换行。在制作网页时,< h4 >一般作文本正文,而 h6 字体由于太小,一般用得很少。

案例【4.1.1】标题标记符的应用

< ! doctype html >

< html >

< head >

< meta charset = " utf – 8 " >

< title >标题标记符的应用 < /title >

< /head >

< BODY >

    < H1 >一级标题 < /H1 >

    < H2 >二级标题 < /H2 >

        < H3 >三级标题 < /H3 >

        < H4 >四级标题 < /H4 >

        < H5 >五级标题 < /H5 >

        < H6 >六级标题 < /H6 >

图 4.1.2 标题标记符的应用

＜／BODY＞

＜／html＞

效果如图4.1.2所示。

2）特殊文本标记符

（1）强调加粗标记符

＜b＞…＜／b＞，＜strong＞…＜／strong＞

重要文本通常以粗体显示，表示强调方式或加强强调方式。HTML中的＜b＞和＜strong＞标记符实现了这种显示方式。

案例【4.1.2】特殊文本标记符应用

＜！doctype html＞

＜html＞

＜head＞

＜meta charset＝"utf－8"＞

＜title＞特殊文本标记符应用＜／title＞

＜／head＞

＜body＞

＜P＞＜b＞粗体文字的显示效果＜／b＞＜／P＞

＜p＞＜em＞强调文字的显示效果＜／em＞＜／p＞

＜p＞＜strong＞加强调文字的显示效果＜／strong＞＜／p＞

＜／body＞

＜／html＞

效果如图4.1.3所示。

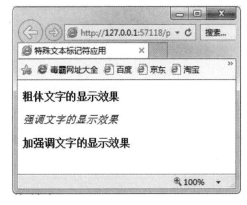

图4.1.3　特殊文本标记符应用

（2）斜体文本

HTML中的＜i＞标记实现了文本的倾斜显示。放在＜i＞＜i/＞之间的文本将以斜体表示。

案例【4.1.3】斜体文本的应用

＜！doctype html＞

＜html＞

＜head＞

＜meta charset＝"utf－8"＞

＜title＞斜体文本的应用＜／title＞

＜／head＞

＜body＞

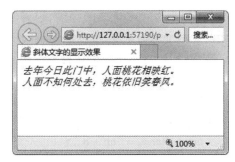

图4.1.4　斜体文本的应用

<i>去年今日此门中,人面桃花相映红。

人面不知何处去,桃花依旧笑春风。</i>

</body>

</html>

效果如图4.1.4所示。

(3)上标和下标文本的应用

在HTML中,用<sup>标记实现上标文本,用<sub>标记实现下标文本。<sup>和<sub>都是成对标记,放在开始标记和结束标记之间的文本会分别以上标或下标的形式出现。

案例【4.1.4】上标和下标文本的应用

<! doctype html >

<html>

<head>

<title>上标和下标文本的应用</title>

</head>

<body>

<! —— 上标显示 ——>

<p>c = a <sup>2</sup> + b <sup>2</sup>

<! —— 下标显示 ——>

<P>H <sub>2</sub> + O = H <sub>2</sub>O </p>

</body>

</html>

效果如图4.1.5所示。

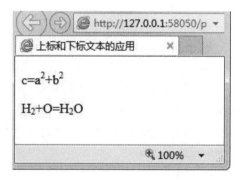

图4.1.5 上标和下标文本的应用

3)水平线标记符<HR>

<HR>(水平线)标签用于在页面上绘制水平线。只有开始标签,没有结束标签。语法:

<HR size ="5" color ="red" width ="300">

size用来指定水平线的高度,以像素为单位;color可用来设置水平线的颜色。width用于改变水平线的宽度,可以以像素为单位,也可以是窗口的百分比。

案例【4.1.5】水平线标记符的应用

<! doctype html >

<html>

<head>

<meta charset ="utf – 8">

<title>水平线标记符的应用</title>

</head>

< body >

< h4 align = " center " >《网页设计与制作》教程 </h4 >

< hr align = " center " color = "#2209F5 " width = "600 " size = "10 " >

</body >

</html >

效果如图4.1.6所示。

图4.1.6　水平线标记符的应用

4.1.2　HTML5的文本编辑标记符

1）换段标记符

（1）设置段落标记

为了排列整齐、清晰，文字段落之间常用 < p > </p > 来做标记。< p >是 HTML 格式中特有的段落元素。在 HTML 格式里不需要在意文章每行的宽度，不必担心文字是不是太长了而被截掉，它会根据窗口的宽度自动转折到下一行。因此，在原始文件中的 < p >，指出在这儿告一段落，下面的文字另起一段。如果没有遇到 < p >这

微课4.2　HTML5 的文本
编辑标记符

个符号，它就会把所有的文字都挤在一个段落里，不遇到窗口边界是不会换行的。段落标记里面可以加入文字、列表、表格等。文件段落的开始由 < p >来标记，段落的结束由 </p >来标记，</p >是可以省略的，因为下一个 < p >的开始就意味着上一个 < p >的结束。

标记一般格式为：

< p align = 属性值 > 文本 </p >

说明：< p >标签有一个常用属性 align，它用来指明字符显示时的对齐方式，其值一般有 left（左）、center（中）、right（右）三种。

案例【4.1.6】段落标记符的应用

< ! doctype html >

< html >

< head >

< meta charset = " utf – 8 " >

< title >段落标记符的应用 </title >

</head >

< body >

　　　　　< h2 align = " center " >春 </h2 >

　　　　　< h5 align = " center " >朱自清 </h5 >

< p > 盼望着，盼望着，东风来了，春天的脚步近了。 </p > < p >一切都像刚睡醒的样子，欣欣然张开了眼。山朗润起来了，水涨起来了，太阳的脸红起来了。 </p > < p >小草偷偷地从土地里钻出来，嫩嫩的，绿绿的。园子里，田野里，瞧去，一大片一大片满是的。

坐着,躺着,打两个滚,踢几脚球,赛几趟跑,捉几回迷藏。风轻悄悄的,草软绵绵的。</p>

　　</body>

　　</html>

　　效果如图4.1.7所示。

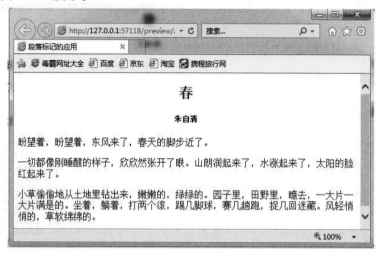

图4.1.7　段落标记符的应用

(2)强制换段标记符

强制换段标记符的格式为:

文字 <P>

<P>标记不但能使后面的文字换到下一行,还可以使两段之间多一空行。

案例【4.1.7】强制换段标记符的应用

　　<! doctype html>

　　<html>

　　<head>

　　<meta charset = "utf - 8">

　　<title>强制换段标记符的应用</title>

　　</head>

　　<body>

　　独在异乡为异客,<P>每逢佳节倍思

亲。</body>

　　</html>

　　效果如图4.1.8所示。

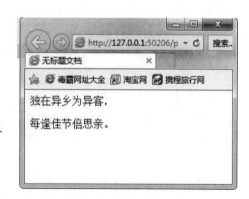

图4.1.8　强制换段标记符的应用

2）注释标记符

HTML 的注释标记符的格式为：

`<!--注释内容-->`

注释并不局限于一行,长度不受限制。结束标记符不必与开始标记符在同一行。注释的内容不在浏览器中显示。

案例【4.1.8】注释标记符的应用

`<!doctype html>`

`<html>`

`<head>`

`<meta charset="utf-8">`

`<title>强制换段标记符的应用</title>`

`</head>`

`<body>`

`<h4> HTML 学习教程 </h4>`

`<!-- Html 是英文 HyperText Markup Language 的缩写,中文意思是"超文本标志语言"。-->`

`</body>`

`</html>`

3）强制换行标记符 `<br>`

强制换行标记符为 `<br>`,放在一行的末尾,可以使后面的文字、图片、表格等显示于下一行,而又不会在行与行之间留下空行,即强制文本换行。

强制换行标记符的格式为：

文字 `<br>`

案例【4.1.9】强制换行标记符的应用

`<!doctype html>`

`<html>`

`<head>`

`<meta charset="utf-8">`

`<title>强制换段标记符的应用</title>`

`</head>`

`<body>`

`<h1>清明</h1>`

`<P>清明时节雨纷纷,<br>`

路上行人欲断魂。`<br>`

借问酒家何处有,`<br>`

牧童遥指杏花村。`<br>`

图 4.1.9　强制换行标记符的应用

</P>

</body>

</html>

效果如图4.1.9所示。

【课程育人】

本任务主要是讲 HTML5 的文本标记符中的标题标记符<hn></hn>、换段标记符<p>、注释标记符<! -- -->、强制换行标记符
、特殊文本标记加粗<b>、斜体<i>、下划线<u>、上标<sup>、下标<sub>、水平线标记符<hr>等的作用与使用方法,让我们学会使用 HTML5 的文本标记符,同时注意:

1.认真细心,提高学习效率。

2.养成良好的逻辑性,有始有终,坚持到底,不能半途而废。

【课堂互动】

1.在 HTML 中,下面是段落标签的是(　　)。

    A.
</br>　　　　　　　　　　　　B. <hr></hr>

    C. <table></table>　　　　　　　　　D. <p></p>

2.哪一个标题标记符文字大小跟网页正文差不多?(　　)。

    A. <h1></h1>　　　　　　　　　　　　B. <h2></h2>

    C. <h3></h3>　　　　　　　　　　　　D. <h4></h4>

3.下列哪一个标记符不是强调加粗标记符?(　　)。

    A. <strong>...</strong>　　　　　　　B. <b>...</b>

    C. <em>...</em>　　　　　　　　　　D. <i>...</i>

4.是上标标记符的标签是(　　),是下标标记符的标签是(　　)。

    A. <sub>...</sub>　　　　　　　　　B. <hr>...</hr>

    C. <sup>...</sup>　　　　　　　　　D. <form>...</form>

任务4.2　HTML5 的排版标记符

【案例引入】

在中国航天科工六院有这样一支奋力奔跑的团队,他们抢白天、战夜晚,把一年365天变成了一场贯穿始终的"冲刺",连续刷新装药生产纪录。他们就是六院红峡公司装药生产主力军、动力先锋团队——2车间。

浇注组是2车间较大的班组之一,但由于担负着各种产品、多座工房的组件装配、浇注、清理、转送等任务,一旦忙起来,人手远达不到要求。装配组也面临着同样的问题。为了挑好这副沉甸甸的担子,大家每天都奔波在各生产现场,有时加班到凌晨,第二天一大早又准时出现在岗位上。

攻坚克难过程中,勇作为、践使命的事层出不穷。党员李占宇、李玉堂是车间生产调度,面对密集的生产计划,两人一上班就开始马不停蹄跑前跑后,从不喊一声苦。在困难面前,共产党员是旗帜、是表率、是力量。他们当

图4.2.1　攻坚克难的团队

中有把设备状况、排产情况、职工思想动态都储存在脑子里的车间主任李建军;有积极主动发掘班组潜能、扩大生产"增量"的组长孟强、青阳;有每天都加班加点,"钉"在生产现场的技术人员麻敏、孙建立……

回望2车间同志们走过的奋斗足迹,那些不眠之夜、那些酷暑严寒、那些心血汗水,都化作完美冲刺后胜利的笑容。笑容的背后是艰辛、是担当、是热爱,是对固体装药事业的无限忠诚!

【案例分析】

通过对案例引入与表格标记符、列表标记符、图片标记符、超链接标记符等排版标记符的融合学习,我们可领悟:

1.网页排版标签代码编写除了要严谨外,还要懂得做一件事之前要全局规划,有局部服从整体、个人服从集体的服从意识。

2.学习排版标记符,进行网页排版时,要注意内容适量、疏密有致,适当留白。

【主要知识点】

4.2.1　表格标记符

1)表格的基本结构

在HTML语法中,表格主要通过3个标签来构成:< table >、< tr >、< td >。

基本语法:

```
< table border = "1" >   < ! --< table >…</ table >定义表格  -->
< ! -- border用来设置表格边框尺寸大小 -->
  < tr >
  < td >单元格内容…… </ td >   < ! --< td >…</ td >定义列  -->
   </ tr >                    < ! --< tr >…</ tr >定义行   -->
  ……
</ table >
```

2) 表格属性

表 4.2.1

属性名	含义	常用属性值
border	设置表格的边框(默认 border =0,无边框)	像素值
cellspacing	设置单元格与单元格边框之间的空白间距	像素值(默认为 2 像素)
cellpadding	设置单元格内容与单元格边框之间的空白间距	像素值(默认值为 1 像素)
width	设置表格的宽度	像素值
height	设置表格的高度	像素值
align	设置表格在网页中的水平对齐方式	left、center、right

案例【4.2.1】表格标记符及其属性的应用

```
<! -- 案例 4.2.1 代码 -->
<html >
<head >
<title > 定义表格 </title >
</head >
<body >
<table width = "600" border = "1">
    <tr >                  <! --表格第一行-->
        <td > 节次 </td >
        <td > 星期一 </td >
        <td > 星期二 </td >
        <td > 星期三 </td >
        <td > 星期四 </td >
        <td > 星期五 </td >
    </tr >
    <tr >                  <! --表格第二行-->
<td > 第 12 节 </td >
        <td > 体育 </td >
        <td > 大学英语 </td >
        <td > 高等数学 </td >
        <td > 数据结构实验 </td >
        <td > Web 开发 </td >
    </tr >
        <tr >              <! --表格第三行-->
    <td > 第 34 节 </td >
```

```
        < td > 大学英语 < /td >
        < td > 高等数学 < /td >
        < td > 数据结构 < /td >
        < td > 数据结构 < /td >
      < td > Web 开发实验 < /td >
        < /tr >
  < /table >
  < /body >
  < /html >
```

效果如图 4.2.2 所示。

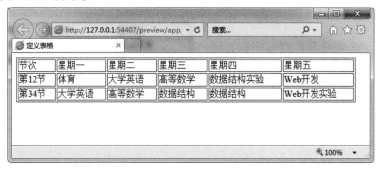

图 4.2.2　表格标记符及其属性的应用

3)表格相关标签实现跨行、跨列

COLSPAN = "n" 属性表示跨多少列。

rowspan = "n"　属性表示跨多少行。

案例【4.2.2】表格的跨行、跨列

```
< html >
< head >
< title > 表格的跨行跨列 < /title >
< /head >
< body >
< table　border = "1" >
  < tr >
  < td > 手机充值、IP 卡　< /td >
  < td colspan = "3" > 办公设备、文具 < /td >
  < /tr >
  < tr >
    < td rowspan = "2" > 各种卡的总汇 < /td >
    < td > 铅笔 < /td >
    < td > 彩笔 < /td >
```

```
        </tr>
        <tr>
          <td>打印</td>
          <td>刻录</td>
        </tr>
    </table>
  </body>
</html>
```

效果如图 4.2.3 所示。

图 4.2.3 表格的跨行、跨列

4)用表格相关设置进行美化修饰

①width 用来设置表格的宽度;

②height 用来设置表格的高度;

③border 用来设置表格边框尺寸大小;

④bordercolor 用来设置表格边框颜色。

案例【4.2.3】表格的美化修饰

```
<table   align="center" width="400" height="200" border="15" bordercolor="red">
    <tr>
        <td   align="center" colspan="4"> 品牌商城 </td>
    </tr>
    <tr>
        <td align="center" colspan="2"> 笔记本电脑 </td>
        <td colspan="2">办公设备、文具、耗材</td>
    </tr>
    <tr>
        <td> 惠普 </td>
        <td> 华硕 </td>
        <td> 打印机 </td>
        <td> 刻录盘 </td>
    </tr>
</table>
```

品牌商城			
笔记本电脑	办公设备、文具、耗材		
惠普	华硕	打印机	刻录盘

图 4.2.4 表格的美化修饰

效果如图 4.2.4 所示。

⑤background 属性用来设置表格的背景图片。

⑥bgcolor 属性可以用来设置表格、行、列的背景颜色。可以用颜色代码表示,也可以用 RGB 值来表示。

⑦align 属性用来设置表格、行、列的对齐方式。

案例【4.2.4】表格的背景设置

```
< body >
< table　width = "400" height = "200"　border = "2"　align = "center" bordercolor =
"ffffff" bgcolor = "#ff0000" >
    < tr >
        < td　align = "center" colspan = "4" > 品牌商城 </td >
    </tr >
    < tr >
        < td align = "center" colspan = "2" >笔记本电脑 </td >
        < td colspan = "2" >办公设备、文具、耗材 </td >
    </tr >
    < tr >
        < td >惠普 </td >
        < td >华硕 </td >
        < td >打印机 </td >
        < td >刻录盘 </td >
    </tr >
</table >
</body >
```

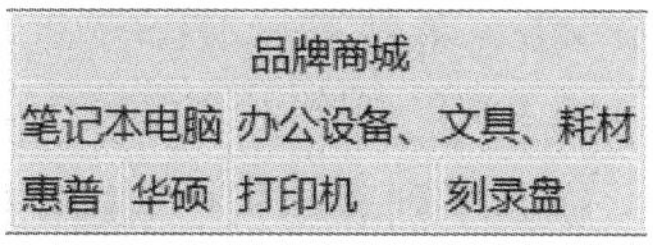

效果如图4.2.5所示。

图4.2.5　表格的背景设置

⑧cellspacing 表示表格内框宽度。

⑨cellpadding 表示表格内填充距离。

案例【4.2.5】设置表格内框宽度、内填充距离

```
< table　align = "center"　width = "400" height = "200" border = "1"　cellpadding = "5"
cellspacing = "8" >
    < tr >
        < td　align = "center" colspan = "4" > 品牌商城 </td >
    </tr >
    < tr >
        < td align = "center" colspan = "2" > 笔记本电脑 </td >
        < td colspan = "2" >办公设备、文具、耗材 </td >
    </tr >
    < tr >
        < td >惠普 </td >
        < td >华硕 </td >
        < td >打印机 </td >
        < td >刻录盘 </td >
```

```
</tr >
</table >
```

效果如图 4.2.6 所示。

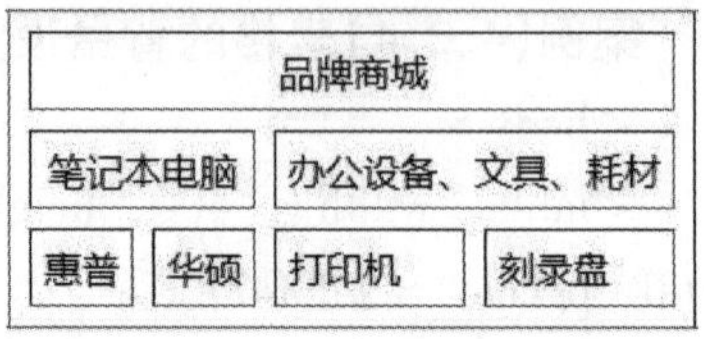

4.2.2　列表标记符

列表标记包括无序列表与有序列表,在制作网页中经常用到,主要是用于文字排版。

图 4.2.6　设置表格内框宽度、内填充距离

1) 无序列表标记 < ul > < /ul >

无序列表就是没有顺序的"项目列表",列表项前面带有项目符号,包含在无序列表标签 < ul > < /ul > 内。其中每一个列表项目都使用 < li > < /li > 成对标签来表示,一对 < li > < /li > 标签就表示一个项目。结构如下:

```
< ul >
< li > 星期一 < /li >
< li > 星期二 < /li >
< li > 星期三 < /li >
< li > 星期四 < /li >
< /ul >
```

在无序列表结构中,使用 < ul > < /ul > 成对标签来表示这是一个无序列表的项目的开始与结束, < li > 表示一个列表项的开始, < /li > 则表示一个列表项的结束。在一个无序列表中可以包含很多个列表项目,由 < li > 标签体现。

案例【4.2.6】无序列表的应用

```
< ! doctype html >
< html >
< head >
< meta charset = " utf – 8 " >
< title > 无序列表 < /title >
< /head >
< body >
    < ol　type = " circle " >
    < li > 如何激活会员号? < /li >
    < li > 如何注册淘宝会员? < /li >
    < li > 如何注册知网会员? < /li >
    < li > 如何注册省图书馆会员? < /li >
    < /ol >
    < /body >
    < /html >
```

效果如图4.2.7所示。

type属性表示无序列表前面的符号,主要包括disc(实心圆点)是默认值,circle(空心圆环)、square(空心正方形)这3个符号。

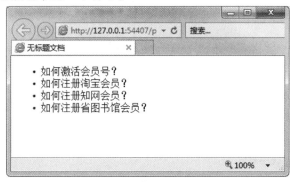

图4.2.7 无序列表的应用

2)有序列表<ol>

有序列表是指有顺序的列表,用<ol></ol>标签表示,里面可以包含很多有顺序的列表项目,也是用<li></li>成对标签体现。与无序列表不同的是它的列表项以自动生成的顺序来展现。

具体结构为:

<ol type="1">

　<li>第一组</li>

　<li>第二组</li>

　<li>第三组</li>

<li>第四组</li>

</ol>

其中type属性决定有序列表的序号类型。type属性有5个属性值:1,a,A,i,Ⅰ。分别对应表示阿拉伯数字排序、小写英文字母排序、大写英文字母排序、小写罗马数字排序、大写罗马数字排序。

案例【4.2.7】有序列表

<!doctype html>

<html>

<head>

<meta charset="utf-8">

<title>有序列表</title>

</head>

<body>

<h4>本书章节</h4>

<ol type="1">

　　<li>网页设计与制作基础</li>

```
        <li>网站的创建与管理</li>
        <li>HTML5 基础学校</li>
      <li>HTML5 常用标记符</li>
  </ol>
  </body>
  </html>
```

效果如图 4.2.8 所示。

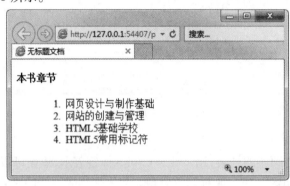

图 4.2.8 有序列表

3) 自定义列表

自定义列表常用于对术语或名词进行解释和描述,自定义列表的列表项前没有任何项目符号。

语法:

```
<dl>                              自定义列表(define list)
    <dt>名词 1</dt>                 自定义列表标题(define title)
    <dd>名词 1 解释 1</dd>          自定义列表描述信息(define description)
    <dd>名词 1 解释 2</dd>
    …
    <dt>名词 2</dt>
    <dd>名词 2 解释 1</dd>
    <dd>名词 2 解释 2</dd>
    …
</dl>
```

案例【4.2.8】自定义列表

```
<!doctype html>
<html>
<head>
<meta charset="utf-8">
<title>自定义列表</title>
```

```
</head >
< body >
< h4 > 本书章节 </h4 >
    < dl >
  < dt > 网页制作基础 </dt >
  < dd > 网页制作概述 </dd >
  < dd > 网页制作历史 </dd >
  < dd > 作品赏析 </dd >
  < dt > 网站建设与管理 </dt >
  < dd > 网站的制作 </dd >
  < dd > 网站的管理 </dd >
  < dd > 项目实践 </dd >
  </dl >
</body >
</html >
```

效果如图 4.2.9 所示。

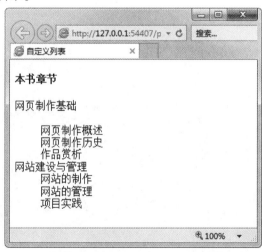

图 4.2.9　自定义列表

4.2.3　图像标记符 <IMG >

< IMG > 标签用于在 HTML 文档中插入图像,该标签可以放在要显示图像的位置。< IMG > 标签不含任何内容,它使用 src 属性指定图像源文件所在的路径。

语法:

< img src = " images/a1. jpg " width = " 300 " height = " 150 " alt = "鲜花盛开" >

其中,src 参数用来设置图像文件所在的位置,width 和 height 属性用来指定图像的宽度和高度。

alt 属性有两个作用：

①在网页中，如果图像没有被下载，在图像位置上出现提示文字；

②如果图像下载完，将光标放在该图像上，在光标旁边出现提示文字。

案例【4.2.9】图像标记符的使用

```
<! doctype html >
< html >
< head >
< meta charset = " utf – 8 " >
< title > 图像标记符的使用 </title >
</head >
< body >
< img src = " xianhua. jpg "   width = " 672 " height = " 512 " alt = "鲜花盛开"/ >
</body >
</html >
```

效果如图 4.2.10 所示。

图 4.2.10　图像标记符的使用

【课程育人】

通过对案例引入与表格标记符、列表标记符、图片标记符、超链接标记符等排版标记符的融合学习，我们可领悟：

1.网页排版标签代码编写除了要严谨外，还要有全局规划，要有局部服从整体、下级服从上级的服从意识。

2.学习排版标记符,制作网页排版,要注意内容适量、疏密有致,有的地方适当留白,就像平时学习一样,紧张时要注意休息,忙不过来时要注意时间调剂,身体是革命的本钱,身体健康,就是为国家做贡献。

3.平时的工作与学习,要做到以集体为重,个人绝对服从集体,做人要有担当、热爱学习和事业,为国家奉献无限忠诚。

【课堂互动】

1.下列哪个标记符不属于表格元素?（　　）。
    A.＜table＞…＜/table＞　　　　　　　　B.＜td＞…＜/td＞
    C.＜tr＞…＜/tr＞　　　　　　　　　　　　D.＜layer＞…＜/layer＞

2.图像标记符＜IMG＞alt属性的作用是（　　）。（多选）
    A.用来设置图像文件所在的位置
    B.在网页中,如果图像没有被下载,在图像位置上出现提示文字
    C.用来指定图像的边框
    D.如果图像下载完,将光标放在该图像上,在光标旁边出现提示文字

3.在HTML文档中使用有序列表应使用（　　）标记。
    A.＜ul＞　　　　　　B.＜ol＞　　　　　　C.＜dl＞　　　　　　D.＜li＞

4.下面哪些文件类型,浏览器将提示下载到本地的硬盘上或立即打开?（　　）。
    A..zip文件　　　　B..exe文件　　　　C..html文件　　　　D..htm文件

任务4.3　项目实施:网页图文混排制作

4.3.1　婚纱网页图文混排制作

①启动Dreamweaver CC程序,新建婚纱网站,并将需用图片复制到网站里面的image文件夹中。

②新建婚纱网站主页index.html。

③在代码视图＜body＞＜/body＞标签中输入如下代码:

＜p＞＜img src＝"image/hunsha2.jpg" width＝"399" height＝"200" alt＝""/＞＜img src＝"image/hunsha12.jpg" width＝"399" height＝"200" alt＝""/＞＜br＞漂亮婚纱系列一＜/p＞

＜p＞＜img src＝"image/hunsha11.jpg" width＝"399" height＝"200" alt＝""/＞＜img src＝"image/hunsha9.jpg" width＝"399" height＝"200" alt＝""/＞＜br＞漂亮婚纱系列二＜/p＞

④进入文件菜单→实时预览→选择浏览器预览(或按F12键),效果如图4.3.1所示。

图 4.3.1 婚纱网页图文混排

技能训练

请根据所给素材制作一个洗发液图文排版的主页。

模块5　基于 HTML5 的超链接创建

在互联网中,超链接是每张网页不可缺少的效果,它是一张网页与另一张网页之间的桥梁,它使网页相互间能够进行跳转。同一个网站内所有的网页也都是通过超链接连接起来的。

【学习目标】

知识目标:

1.了解超链接简介;

2.掌握超链接的类型;

3.掌握书签链接应用。

技能目标:

1.能使用超链接;

2.能应用书签链接。

素质目标:

1.通过使用超链接的方法,实现资源共享、共同学习。

2.使用各种类型超链接,应培养遵纪守法、保持正确的网页链接、维护网络安全、维持网络正义的理想信义。

3.通过超链接案例的制作,培养使用网页链接的条理性、层次性与逻辑性。

任务5.1　超链接简介

【案例引入】

钓鱼网站通常指伪装成银行及电子商务网站来窃取用户提交的银行账号、密码等私密信息的网站。"钓鱼"是一种网络欺诈行为,指不法分子利用各种手段,仿冒真实网站的 URL 地址以及页面内容,或利用真实网站服务器程序上的漏洞在站点的某些网页中插入危险的 HTML 代码,以此来骗取用户银行或信用卡账号、密码等私人资料。

防范手段:安装防病毒软件,大部分防病毒软件能识别钓鱼网站,并提醒用户。同时,接到类似的电话要提高警惕,不要轻易点击对方发送的链接,要从正确的网络地址进入。合法的电商网站均通过安全认证,网络地址使用 https 协议,并提供身份验证与通信加密方法。

【案例分析】

通过对案例引入与超链接的学习,我们应明白超链接是每个网站不可缺少的功能,它使网页相互间能够进行跳转,是每张网页之间互通的桥梁。同一个网站内所有的网页都是通过超链接连接起来的。网络不是法外之地,不要链接没放开权限的网页,不要偷窥网上的保密数据,不破坏网络和谐,不发布不当言论,不做违法犯罪的事,维护网络安全,维持网络正义。

【主要知识点】

5.1.1　超链接标签

超链接就是鼠标指示符放在一些文字、图片或者其他网页元素

微课 5.1　超链接简介

时,会出现手型,点击这些网页元素,浏览器会载入对应的网页或者跳转到页面的其他位置。超链接不但可以链接文本,还可以链接多媒体、视频、声音、图像、动画等。

超链接的效果在网页中主要由成对 < a > </a > 标签来实现。

< a href = " https://www.163.com " >友情链接 </a >

以上代码实现了一个超链接,指向这个网址所代表的网页。

在超链接中最主要的属性有 href、target 等。

1)href 属性

href 属性用于指向一个目标。该属性是 a 标签不可缺少的, href 属性的值是一个网页或资源的地址。比如:href = " https://www.163.com ",href 的值是一个网址(URL)。

2)target 属性

该属性用来定义在何处打开链接,可能的值有:

_blank:另起一个窗口打开新网页;

_self:代表在自身窗口中显示超链接页面(默认);

_parent:在 iframe 框架中使用,平时等同于_self ;

_top:等同于_self。

5.1.2　URL 的概念

URL 就是 Uniform Resource Locator 的缩写,也称为"统一资源定位器",即"网址",可以简单地理解为类似文件路径,根据 URL 可以找到网上资源,是互联网上标准资源的地址。互联网上的每一个文件都有唯一的一个 URL,它指出文件的位置以及浏览器应该怎样处理。URL = 协议标签 + 域名 + 资源路径。

1）协议标签

协议标签即遵循的协议类型。如http（超文本传输协议），https（安全套接字超文本传输协议），ftp（文件传输协议），telnet（远程登录协议）等。

2）域名

域名是企业或机构等在互联网上注册的名称，是互联网上识别企业或机构的网络地址，又称网域。

3）资源路径

资源路径即资源在本地的位置，不一定是真正的文件路径，有可能是数据库中的内存等。

http://www.webDesign.com/pages/computer.html
　↑　　　　↑　　　　　　　　　　　↑
协议　　域名　　　　　　　　文件路径

4）URL的类型

超链接的URL可以分为两种类型："绝对URL"和"相对URL"。

①绝对URL包含了指向目录或者文件的完整信息，包括模式、主机名和路径。对于FTP站点及所有的不使用HTTP协议的URL，都应该使用绝对URL，一般用于访问不是同一台服务器上的资源。

②相对URL是指访问同一台服务器上相同文件夹或不同文件夹中的资源（只给出一个参照位置）。如果访问相同文件夹中的文件，只需要写文件名即可；如果访问不同文件夹中的资源，URL以服务器的根目录为起点，指明文档的相对关系，由文件夹名和文件名两部分构成。

注意：相对路径引用的目录的方法一般分为以下几种：

- 同目录：文件名 + 扩展名；
- 引用子目录：斜杠 + 文件名 + 扩展名上层目录：每上一级就../ + 文件名 + 扩展名；
- 根相对URL：/根文件夹/ + 文件名 + 扩展名。

案例【5.1.1】使用绝对URL和相对URL实现超链接

< ! doctype html >

< html >

< head >

< meta charset = " utf – 8 " >

< title > 绝对和相对 URL </title>

< /head >

< body >

单击 < a href = " https://www.baidu.com/" > 绝对 URL </a> 链接到百度首页

< br/ >

单击 < a href = "2. html" > 相对 URL < /a > 链接到相同文件夹的第二个页面 < br/ >

单击 < a href = "…/pages/3. html" > 相对 URL < /a > 链接到不同文件夹的第三个页面 < br/ >

< /body >

< /html >

网页效果如图 5.1.1 所示。

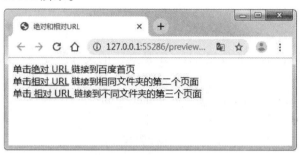

图 5.1.1　绝对 URL 和相对 URL

在上述代码中,第 1 个链接使用的是绝对 URL;第 2 个链接使用的是服务器相对 URL,也就是链接到文档所在服务器的根目录下的 2. html;第 3 个链接使用文档相对 URL,即原文档所在文件夹的父文件夹下面的 pages 文件夹中的 3. html 文件。

【课程育人】

本任务让我们理解了超链接与 URL 的概念,掌握使用绝对 URL 和相对 URL 实现超链接的方法。结合案例引入,我们明白:

1. 通过超链接,可以实现资源共享、共同学习、共同进步。

2. 通过超链接案例的规划、制作,训练了我们的逻辑思维能力,不管在生活中还是学习中都要保持清醒的头脑,要有条理性、层次性与逻辑性。

【课堂互动】

1. 在 HTML 中,下面是超链接标签的是(　　)。

　　A. < A >…< /A >　　　　　　　　　　　　B. < IMG >…< /IMG >

　　C. < FONT >…< /FONT >　　　　　　　　　D. < P >…< /P >

2. 在 Dreamweaver 中,不能对其设置超链接的是(　　)。

　　A. 任何文字　　　　　B. 图像　　　　　C. 图像的一部分　　　　D. Movie 影片

3. 不属于超链接的 href 属性是(　　)。

　　A. 一个网页　　　　　B. 资源的地址　　　　C. 一个段落　　　　D. URL

4. 超链接的 target 属性中,"_blank"是指(　　)。

　　A. 代表在自身窗口中显示超链接页面

　　B. 另起一个窗口打开新网页

C. 代表在自身窗口中显示超链接页面

D. 在 iframe 框架中使用

任务5.2 超链接的创建类型

【案例引入】

湖南省一位大学生李某某出于好奇心理,使用自己的电脑,利用电话拨号上了 169 网,使用某账号,又登录到 169 多媒体通讯网中的两台服务器,并从两台服务器上非法下载用户密码口令文件,破译了部分用户口令,获得服务器中超级用户管理权限,进行非法操作,删除了部分系统命令,造成一主机硬盘中的用户数据丢失的后果。该生被长沙市开福区人民法院判处有期徒刑一年,缓刑两年。

【案例分析】

结合案例与本任务讲述的在网页中设置文本和图片的超链接、创建指向不同目标类型的各种超链接方法与技巧,我们认识到:

网络是法内之地,要遵纪守法,不要偷窥网上的保密数据,不要链接没经过允许公开的数据,不发布不当言论,不做违法犯罪的事,维护网络安全,维持网上正义。

【主要知识点】

5.2.1 设置文本和图片的超链接

设置超链接的网页元素通常使用文本和图片。文本超链接和图片超链接是通过 <a></a> 标记来实现的,将文本或图片放在 <a> 开始标记和 </a> 结束标记之间,即可建立超链接。下面的案例将实现文本和图片的超链接。

微课 5.2 超链接的类型

案例【5.2.1】文本和图片超链接

```
<！doctype html>
<html>
<head>
<meta charset="utf-8">
<title>文本和图片超链接</title>
</head>
<body>
<a href="a.html"><img src="01.jpg" width="200" height="100" alt=""/></a>
<a href="b.html">公司简介</a>
    </body>
```

</html >

效果如图 5.2.1 所示。

图 5.2.1　文本和图片超链接

在默认情况下,为文本添加超链接,文本会自动增加下画线,并且文本颜色变为蓝色,单击过的超链接文本会变成暗红色。图片增加超链接后,浏览器会自动给图片加一个粗边框。

5.2.2　创建指向不同目标类型的超链接

除了.html 类型的文件外,超链接所指向的目标类型还可以是其他各种类型,包括图片文件、声音文件、视频文件、Word、其他网站、FTP 服务器、电子邮件等。

1)链接到各种类型的文件

超链接 < a >标记的 href 属性指向链接的目标,目标可以是各种类型的文件。如果是浏览器能够识别的类型,会直接在浏览器中显示。如果是浏览器不能识别的类型,IE 浏览器会弹出"文件下载"对话框,如图 5.2.2 所示。

图 5.2.2　链接压缩文件

案例【5.2.2】链接压缩文件

< ! doctype html >

< html >

< head >

```
< meta charset = " utf – 8 " >
< title > 链接压缩文件 </title >
</head >
< body >
< a href = "模块四资料下载. rar " > 文件下载 </a >
    </body >
    </html >
```

效果如图5.2.2所示。

案例【5.2.3】不同文件类型超链接

```
< ! doctype html >
< html >
< head >
< meta charset = " utf – 8 " >
< title > 不同文件类型超链接 </title >
</head >
< body >
    < a href = " w1. html " > 链接 html 文件 </a > < br >
    < a href = " a1. jpg " > 链接图片 </a > < br >
    < a href = " head. doc " > 链接 word 文档 </a > < br >
    < a href = " https://www. taobao. com " >链接到其他网站 </a > < br >
    < a href = " 172. 16. 1. 254 " >链接到 ftp 服务器 </a > < br >
    < a href = " https://www. baidu. com " >链接百度 </a > < br >
    </body >
    </html >
```

效果如图5.2.3所示。

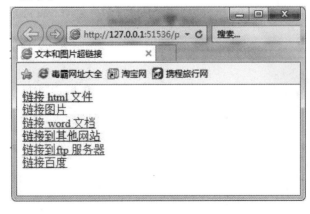

图5.2.3 不同文件类型超链接

注意：为保证代码正确运行使用 ip 地址，应填写实际有效 ftp 服务器地址。

2）设置电子邮件链接

在 HTML 页面中建立 E-mail 链接，用户单击链接，系统会自动启动默认的电子邮件软件，如 Outlook 或 Foxmail 等，打开一个邮件窗口。

基本语法：

＜a href＝"mailto：E-mail 地址［？ subject＝邮件主题［＆ 参数＝参数值］］"＞链接内容＜/a＞

案例【5.2.4】电子邮件链接

```
＜！doctype html＞
＜html＞
＜head＞
＜meta charset＝"utf－8"＞
＜title＞电子邮件链接＜/title＞
＜/head＞
＜body＞
    ＜a href＝"mailto：123456789@qq.com"＞ 电子邮件链接 ＜/a＞
    ＜/body＞
＜/html＞
```

效果如图 5.2.4 所示。

图 5.2.4　电子邮件链接

3）书签链接

书签链接的功能是让浏览者单击浏览目录上的项目就能自动跳到网页相应的位置进行阅读,如返回首页等。在内容较长和层次较多的网页中,启用书签功能将会使浏览变得更加方便。建立书签链接分为两步:先在网页中定义书签,然后建立书签的超链接。

建立书签：<a href="#name">文字链接</a>

书签链接：<a name="name">文字</a>

案例【5.2.5】创建书签链接

```
<!doctype html>
<html>
<head>
<meta charset="utf-8">
<title>书签链接</title>
</head>
<body>
    <h4>最受欢迎的小说</h4>
    <p><a href="#红楼梦">红楼梦</a><br>
        <a href="#西游记">西游记</a><br>
        <a href="#三国演义">三国演义</a><br></p>
<p> </p>
    …
<p> </p>
<p><h4><a name="红楼梦">红楼梦</a>：</h4><br>
<p><a name="三国演义"><h4>三国演义</h4></a><br>
<p><h4><a name="西游记">西游记</a>：</h4><br>
</body>
</html>
```

效果如图5.2.5所示。

图5.2.5 建立书签链接

4）创建热点区域

图片的热点区域，就是将一个图片划分成若干个链接区域，当访问者单击不同的区域，会链接到不同的目标页面。

在 HTML5 中，可以为图片创建 3 种类型的热点区域：矩形、圆形和多边形。

创建热点区域使用 <map> 和 <area> 标记，语法格式如下：

```
< img src = "图片地址" usemap = "#名称" >
< map name = "#名称" >
< area shape = " rect "   cords = " 10,10,100,100 " href = "#" >
< area shape = " circle "   cords = " 120,120,50 " href = "#" >
< area shape = " poly "   cords = " 78,13,81,14,53,32,86,38 " href = "#" >
</map >
```

在上面的语法格式中，需要注意以下几点：

①要想建立图片热点区域，必须先插入图片。注意，图片必须增加 usemap 属性，说明该图像是热区映射图像。所谓图像映射，是指带有可点击区域的一幅图像。属性值必须以"#"开头，加上名字。

②<map> 标记只有一个属性 name，其作用是为区域命名，其设置值必须与 <img> 标记的 usemap 属性值相同。

③<area> 标记主要是定义热点区域的形状及超链接，它有三个必要的属性。

Shape：控制划分区域的形状，其取值有 3 个，分别是 rect（矩形），circle（圆形）和 poly（多边形）。

coords：控制区域的划分坐标。如果 shape 属性取值为 rect，那么 coords 的设置值分别为矩形的左上角 x,y 坐标点和右下角 x,y 坐标点，单位为像素，用户在此矩形区域上单击鼠标则跳转到指定 URL 地址。如果 shape 属性取值为 circle，那么 coords 的设置值分别为圆形圆心 x、y 坐标点和半径值，单位为像素，用户在此矩形区域上单击鼠标则跳转到指定 URL 地址。如果 shape 属性取值为 poly，那么 coords 的设置值分别为矩形各个点的 x、y 坐标，单位为像素，用户在此矩形区域上单击鼠标时跳转到指定 URL 地址。

href：该属性为区域设置超链接的目标，设置值为"#"时，表示为空链接。

5）建立空超级链接

要想对文本或图像等对象设置行为，首先必须为文本建立空超级链接（空超级链接是一个未指派目标的超级链接），这样行为才会有效。

为文本建立空超级链接时，只要先在文档窗口中选中需要建立空超级链接的文本，然后在属性面板的"链接"文本框中输入一个"#"符号即可。建立空超级链接的目的只是为了应用行为，其他情况下不必建立。

格式：< a href = "#" >空链接 </a >

6）创建 Javascript 链接

创建 Javascript 链接可以让来访者不用离开当前页面就可以获得一个额外的信息。

步骤:选择需要建立 Javascript 链接的文本或图像等对象,在"属性面板"的链接文本框中输入相应的 Javascript 代码。

案例【5.2.6】创建 Javascript 链接

```html
< head >
< meta charset = " utf - 8 " >
< title > Javascript 链接 < /title >
< /head >
< body >
< a href = " javascript:alert('一定要吃早餐,请注意身体营养!')" > Javascript 链接 1 < /a > < p >
    < a href = " javascript:self. close( )" > Javascript 链接 2 < /a > < br >
    < a href = " javascript:window. close( )" > Javascript 链接 3 < /a >
< /body >
< /html >
```

效果如图 5.2.6 所示。

图 5.2.6　创建 Javascript 链接

【课程育人】

案例引入与本任务中创建不同类型的超链接应用,让我们领悟到:平时上网一定要保持自己行为规范,不扰乱网络次序。

【课堂互动】

1. 默认情况下,为文本添加超链接,文本会自动增加下画线,并且文本颜色变为(　　　)。

    A. 红色　　　　　　　B. 绿色　　　　　　　C. 黑色　　　　　　　D. 蓝色

2. 在实际操作中有两种 E-mail 超链接方法,分别是图片 E-mail 超链接和(　　　)。

    A. 自动换页　　　　　　　　　　　　B. 锚点链接

    C. 动画 E-mail 超链接　　　　　　　D. 文字 E-mail 超链接

3. 在 HTML 中,(　　　)不是链接的目标属性。

　　A. up　　　　　　　　B. parent　　　　　　　　C. blank　　　　　　　　D. self

4. 在图片中设置超链接的说法中,正确的是(　　　)。

　　A. 一个图片上能设置多个超链接

　　B. 图片上不能设置超链接

　　C. 一个图片上只能设置一个超链接

　　D. 鼠标移动到带超链接的图片上仍然显示箭头形状 < 手型 >

任务5.3　项目实施

【案例引入】

2018 年 8 月,信息安全工程师小李像往常一样,坐在电脑前分析着每小时的安全日志。突然,某单位图片查询服务器大量的异常请求链接引起了他的关注,多年积累的经验告诉他,该服务器存在安全问题。安全工程师们立即对安全事件进行比对分析,结合安全监控平台触发的关联事件,基本上断定了用户局域网内图片查询服务器存在病毒。与该单位沟通后得知,内网用户在访问图片查询服务器时,客户端杀毒软件不断弹出警告,提示存在恶意软件或病毒,严重影响正常应用。客户的反馈印证了信息安全工程师的判断,为用户服务器清除病毒刻不容缓。后经调查,该单位内网用户插入带毒 U 盘导致内网感染病毒,险些造成该单位涉密信息的外泄。

某大型国企工程师曹某,未经许可擅自将涉密资料复制至家中外网电脑进行操作,曹某电脑被国外黑客通过病毒远程操作后导致大量涉密资料外泄,给单位造成了巨大经济损失。曹某也承担了相应的民事和刑事责任。

【案例分析】

该案例说明了当前网络存在许多不安全性因素,如病毒、木马、黑客、诈骗、窃取资料等不道德行为与犯罪行为。通过网页超链接的学习及应用,我们在应用超链接时要小心谨慎,正确链接,避免网络陷阱,爱护网络资料,维护网络安全,做一个遵纪守法的好公民。

【主要知识点】

5.3.1　网页书签链接的应用

网页书签分为链接到同一页面中的书签与链接到其他页面中的书签两种类型。建立书签链接的步骤分为:

①建立书签;

②为书签制作链接。

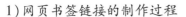

1)网页书签链接的制作过程

(1)建立书签内部链接网页

```
<! -- 文件说明:链接到同一页面的书签 -->
<!doctype html>
<html>
<head>
<meta charset="utf-8">
<title>书签链接</title>
</head>
<body>
    <h4>主流的网页设计软件</h4>
    <p><a href="#dw">Adobe Dreamweaver CC </a><br>
        <a href="#js">JavaScript</a><br>
        <a href="#ps">PhotoShop</a><br>
</p>
    <p> </p>
    <p> </p>
<p><h4><a name="dw">Dreamweaver</a>:</h4><br>
```

Adobe Dreamweaver,简称"DW",中文名称"梦想编织者",最初为美国 MACROMEDIA 公司开发
,2005年被 Adobe 公司收购。DW 是集网页制作和管理网站于一身的所见即所得网页代码编辑器。利用对 HTML、CSS、JavaScript 等
内容的支持,设计师和程序员可以在几乎任何地方快速制作和进行网站建设。

```
<br><p><a name="js"><h4>JavaScript:</h4></a><br>
```

JavaScript(简称"JS")是一种具有函数优先的轻量级、解释型或即时编译型的编程语言。虽然它是作为
开发 Web 页面的脚本语言而出名的,但是它也被用到了很多非浏览器环境中,JavaScript 基于原型编程、多范式的动态脚本语言,
并且支持面向对象、命令式和声明式(如函数式编程)风格。

```
<br><p><h4><a name="ps">PhotoShop</a>:</h4><br>
```

Adobe Photoshop,简称"PS",是由 Adobe Systems 开发和发行的图像处理软件。

Photoshop 主要处理以像素所构成的数字图像。使用其众多的编修与绘图工具,可以有效地进行图片编辑工作。
ps 有很多功能,在图像、图形、文字、视频、出版等各方面都有涉及。

效果如图 5.3.1 所示。

5.3.2　网页各种超链接类型的应用——以杏仁网主页为例

①启动 Dreamweaver CC 2019,打开课程资料"杏仁网"网站的主页。

②在源代码中选主页中导航条的"资料下载"项目设置链接站点内"杏仁资料.rar"文

件,按 F12 键预览,单击"资料下载",能对该文件进行下载。代码如下:

<a href="杏仁资料.rar">资料下载</a>

图5.3.1 同一页面的书签链接

图5.3.2 制作杏仁网主页中的超链接

③在源代码中选主页中导航条的"联系我们"项设置"123456789@qq.com"邮件链接按 F12 键预览,单击"联系我们",能看到开启邮件的软件 OutLook 出现。

代码如下:

<a href="mailto:123456789@qq.com">"联系我们"</a>

④在源代码中选主页中导航条的"杏仁美食"项设置站点内 image 文件夹内的 meishi.jpeg 图片进行链接设置,按 F12 键预览,单击杏仁美食,能跳出 meishi.jpeg 图片来。

代码如下:

<a href="/image/meishi.jpeg">"杏仁美食"</a>

⑤在源代码中选主页导航条的"了解杏仁""杏仁功能",分别设置到站点内 ziye1.html,ziye2.html 的链接。按 F12 键预览,单击"了解杏仁",能跳到 ziye1.html 文件;单击"杏

仁功能",能跳到 ziye2. html 文件。代码如下:

　　< href = "ziye1. html" > 了解杏仁 </a >

　　< a href = "ziye2. html" > 杏仁功能 </a >

　　⑥在源代码中选主页导航条的"友情链接"对百度主页进行链接。按 F12 键预览,单击"友情链接",能跳到百度主页。代码如下:

　　< a href = "https://www. baidu. com" > 友情链接 </a >

　　⑦在源代码中选主页导航条的"杏仁处方",用 JS 代码进行链接。按 F12 键预览,单击"杏仁处方",能跳出窗口显示。代码如下:

　　< a href = "javascript:alert('请不要偏信处方!')" > "杏仁处方" </a >

　　按 F12 键,预览看效果。

【课程育人】

　　通过对案例引入与网页书签内部、外部链接、图片链接、邮箱链接、JS 链接等各种常用链接使用方法与技巧的融合学习,我们领悟到:要努力提高自身文化素质、道德素质,在网络上不盲目跟风,不造谣,不生事。

技能训练

　　请打开课程案例起点图书网站的主页,利用所学的知识为导航条栏目与标题设置不同类型的链接,包括文字、图片、邮件、资料下载、书签等链接。起点图书网站的主页如图5.3.3 所示。

图 5.3.3　起点图书网站主页链接设置

①启动 Dreamweaver CC 2019,打开资料"起点图书"网站的主页。

②选主页导航条的"资料下载",对站点内"jingdian. rar"文件进行下载链接设置。

③选主页导航条的"联系我们"进行电子邮件链接设置,链接的邮箱为"liping@ 163. com"。

④选主页导航条的"新书展示"进行图片链接设置,链接的图片是站点内"daxiang. jpeg"。

⑤选主页导航条的"特价图书",设置链接站点内 tejia. html 网页。

⑥选主页导航条的"友情链接",对湖南省图书馆主页"http://www. library. hn. cn/" 进行链接。

⑦选主页导航条的"作者推荐"进行 JS 链接,效果是单击文字,能跳出"阅读是中华民族的优良传统!"。

⑧按 F12 键预览,检查以上所做的链接效果。

模块6 基于HTML5的网页表单制作

在网页中,表单的作用比较重要,通过它不仅可以让网站管理员了解用户的真实想法,还可以实现与用户之间的互动。表单主要是用来采集浏览者的相关数据与信息,是网站管理员与网页浏览者之间沟通的桥梁。

【学习目标】

知识目标:

1. 了解HTML5表单的概念及特点;

2. 掌握HTML5表单基本元素;

3. 掌握HTML5表单高级元素;

4. 掌握HTML5登录、注册、调查问卷页制作方法。

技能目标:

1. 能了解HTML5表单的概念及特点;

2. 能掌握HTML5表单基本元素;

3. 能掌握HTML5表单高级元素;

4. 能掌握HTML5登录、注册、调查问卷页制作。

素质目标:

1. 通过应用表单基本元素,培养网页规范制作的能力;

2. 通过对表单的制作,培养网络安全,人人维护的意识能力;

3. 通过表单高级元素的应用与制作,培养遵守网络规范,遵法守纪的良好素质。

任务6.1 表单概述

【案例引入】

通往成功的道路有千万条,有陡峭险峻的捷径,快速但危险,有光明正大的大路,稳妥但漫长。李彦宏天资聪颖,勤奋好学,没有背景的他走了一条由学霸到技术高手到老板的创业之路。这是一条阳光大道,堂堂正正。但是很多人通常都是走到半路就迷失了方向,有了一点成就就自我满足,这样的人注定登不了顶峰。

据《人民法院报》2016年1月14日4版《盗卖QQ号码侵犯通信自由被告人在深圳被判拘役》一文报道,广东省深圳市南山区人民法院对一起盗卖QQ号码案作出一审宣判,以侵犯通信自由罪分别判处被告人曾某某、杨某某各拘役六个月。法院审理查明,深圳腾讯计算机系统有限公司 1999 年 2 月推出即时通信软件——腾讯 QQ 软件。腾讯 QQ 软件能够为注册用户提供文字语音通信、传送文件等功能。用户在接受由腾讯公司拟定的有关协议后,自设密码,本人可获得对 QQ 软件的使用权,并禁止转让、继受、售卖。曾某某供职腾讯公司,负责系统监控工作,与杨某某合谋通过窃取他人 QQ 号出售获利。由杨某某将随机选定的他人的 QQ 号通过互联网发给曾某某,修改密码后转卖。经查,二人共修改密码并卖出 QQ 号约 130 个,获利 61 650 元,其中,被告人曾某某分得 39 100 元,被告人杨某某分得 22 550 元。法院审理认为,二被告人作为熟悉互联网和计算机操作的 QQ 用户,篡改了约 130 个 QQ 号码密码,使原注册的 QQ 用户无法使用本人的 QQ 号与他人联系,造成侵犯他人通信自由的后果,其行为构成侵犯通信自由罪。

【案例分析】

作为高职院校计算机专业的学生,以后的工作都会与信息类岗位有关,尤其是网页制作里面的表单元素,更是涉及用户的账号与密码管理,我们在为用户制作网页登录与注册模块的同时,也要提高个人素质与道德品质,塑造美好心灵、弘扬社会正气,增强社会责任感,加强自律意识。

【任务知识点】

6.1.1　表单简介

表单在网页中主要负责数据采集功能。当网站管理者想了解网站用户的一些数据与相关信息时,就可以通过表单来收集。同时,利用表单处理程序可以收集、分析用户的反馈意见,调整相关决策,使其更科学合理。在 HTML5 中,表单拥有多个新的表单输入类型,这些新特性提供了更好的输入控制和验证功能。

微课 6.1　表单概述

6.1.2　表单标签

表单标签为 < form > </form > 。表单的基本语法格式如下:

< form action = " url " method = " get | post " enctype = " mime " > </form >

其中,action = " url "指定处理提交表单的格式,它可以是一个 URL 地址或一个电子邮件地址,method = " get "或" post "指明提交表单的 HTTP 方法,默认方式是 get。enctype = " mime "指明用来把表单提交给服务器时的互联网媒体形式。

案例【6.1.1】表单标签

```
< ! doctype html >
< html >
< head >
< meta charset = " utf - 8 " >
< title > 无标题文档 </title >
```

```
</head>
<body>
<FORM action="http://www.baidu.com" method="post">
</FORM>
</body>
</html>
```

效果如图6.1.1所示。

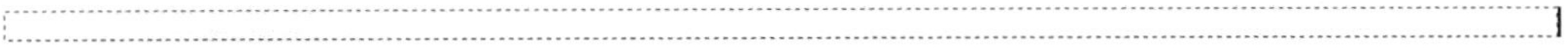

图6.1.1 表单标签

注意:表单标签预览是没有效果的,在设计视图会出现一个红色虚线矩形。所以表单元素标签必须放在表单标签内才起作用。

【课程育人】

作为高职院校计算机专业的学生,以后的工作都会与信息类岗位有关,尤其是网页制作里面的表单元素,更是涉及用户的账号与密码管理。我们在为用户制作网页登录与注册模块的同时,也要提高个人素质与道德品质,塑造美好心灵、弘扬社会正气,增强社会责任感,加强自律意识。引导正确言论,发布正能量话语,引领网络舆论导向,管理好网络舆情、打击网络暴力与网络犯罪。

【课堂互动】

请简述表单的概念。

任务6.2 表单基本元素

【案例引入】

2016年8月19日,山东省临沂市高考录取新生徐玉玉被不法分子冒充教育部门、财政部门工作人员诈骗9 900元。徐玉玉在报警后因心脏衰竭而死亡。

犯罪嫌疑人杜某利用技术手段攻击了"山东省2016高考网上报名信息系统"并在网站植入木马病毒,获取了网站后台登录权限,盗取了包括徐玉玉在内的大量考生报名信息。

2016年7月初,犯罪嫌疑人陈某在江西省九江市租住房屋设立诈骗窝点,通过QQ搜索"高考数据群""学生资料数据"等聊天群,在群内发布个人信息购买需求后,从杜某手中以每条0.5元的价格购买了1 800条今年高中毕业学生资料。同时,陈某雇用郑某、黄某等人冒充教育局、财政局工作人员拨打电话,以发放助学金名义对高考录取学生实施诈骗。

2017年4月17日,山东省临沂市人民检察院审查终结,向临沂市中级人民法院依法提起公诉,犯罪分子得到了应有的惩罚。

【案例分析】

作为网站制作技术人员，尤其是用表单制作登录注册页的技术人员与后台管理人员，要提高个人素质，知法守法，有社会责任感，打击网络犯罪分子与诈骗犯，保障国家与人民的信息与财产不被盗窃与破坏。

【主要知识点】

6.2.1 ＜input＞标签

＜input＞是个单标记，它必须嵌套在表单标记中应用，用于 微课6.2 表单的input标签
定义一个用户的输入项。

＜input＞基本语法：

＜form＞

＜input name＝" " type＝" "＞

＜/form＞

＜input＞语法说明：

＜input＞标记主要有6个属性：type，name，size，value，maxlength，check。其中 name 和 type 是必选的两个属性。

name：属性的值是相应程序中的变量名。

在不同的输入方式下，＜input＞标记的格式略有不同，其他五种属性因 type 类型的不同，其含义也不同。

type 主要有 10 种类型：text，submit，reset，password，checkbox，button，radio，image，hidden，file。具体内容见表6.2.1。

表 6.2.1 ＜input＞标记的 type 属性

属性	属性值	描述
type	text	单行文本输入框
	password	密码输入框
	radio	单选按钮
	checkbox	复选框
	button	普通按钮
	submit	提交按钮
	reset	重置按钮
	image	图像形式的提交按钮
	file	文件域
	hidden	隐藏当前的 input 元素

属性	属性值	描述
name	用户自定义	控件的名称
value	用户自定义	input 控件中的默认文本值
size	正整数	input 控件在页面中的显示宽度
checked	checked	定义选择控件默认被选中的项
maxlength	正整数	控件允许输入的最多字符数
disabled	disabled	当 input 元素加载时禁用此元素
readonly	readonly	设置输入字段为只读
alt	text	定义图像输入的替代文本
size	number_of_char	定义输入的字段的宽度
src	url	定义以提交按钮形式显示的图像的 url
accept	mime_type	设置通过文件上传来提交的文件的类型

单行文本输入框 text

当 type＝text 时,表示该输入项的输入信息是字符串。此时,浏览器会在相应的位置显示一个文本框供用户输入信息。

基本语法:

＜form＞

＜input name＝"text" type＝"text" maxlength＝"" size＝""

value＝""＞

＜/form＞

＜input＞语法说明:

maxlength:设置单行输入框可以输入的最大字符数,例如限制邮政编码为 6 个数字、密码最多为 10 个字符等;

size:设置单行输入框可显示的最大字符数,这个值总是小于等于 maxlength 属性的值,当输入的字符数超过文本框的长度时,用户可以通过移动光标来查看超出的内容;

value:文本框的值,可以通过设置 value 属性的值来指定当表单首次被载入时显示在输入框中的值。

案例【6.2.1】单行文本输入框应用

＜! doctype html＞

＜html＞

＜head＞

＜meta charset＝"utf－8"＞

＜title＞单行文本输入框应用＜/title＞

```
</head >
<body >
<form  >
    请输入你的姓名：
    <input type ="text" name ="yourname" size ="20" maxlength ="20" > <p >
    请输入你的地址：
    <input type ="text" name ="youraddress" size ="30" maxlength ="30" >
    </form >
</body >
</html >
```

效果如图6.2.1所示。

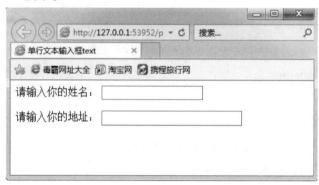

图6.2.1　单行文本输入框

（1）提交、重置按钮

当type = submit时，产生一个提交按钮，当用户单击该按钮时，浏览器就会将表单的输入信息传送给服务器。

当type = reset时，产生一个重置按钮，当用户单击该按钮时，浏览器就会清除表单中所有的输入信息而恢复到初始状态。一般情况下，提交与重置按钮经常同时出现。

语法说明：

提交按钮的name属性是可以默认的。除name属性外，它还有一个可选的属性value，用于指定显示在提交按钮上的文字，value属性的默认值是"提交"。一个表单中必须有提交按钮，否则将无法向服务器传送信息；重置按钮的name属性也是可以默认的。value属性与submit类似，用于指定显示在清除按钮上的文字，value的默认值为"重置"。

案例【6.2.2】提交、重置按钮的应用

```
<! doctype html >
<html >
<head >
<meta charset ="utf -8" >
<title >提交、重置按钮 </title >
```

```
</head >
< body >
        < form  >
     请输入你的姓名：
     < input type =＂text＂name =＂yourname＂>
     < br / >
     请输入你的年龄：
     < input type =＂text＂name =＂yourage＂>
     < br / >
  < input type =＂submit＂value =＂提交＂>
  < input type =＂reset＂value =＂重置＂>
</ form >
</ body >
</ html >
```

效果如图6.2.2所示。

图 6.2.2　提交、重置按钮

（2）密码框 password

密码输入框 password 与单行文本输入框 text 应用起来非常相似,不同的只是当用户在输入内容时,是用"＊"来代替显示每个输入的字符,以保证密码的安全性。

基本语法：

```
< form >
< input name =＂password＂type =＂password＂
  maxlength =＂＂size =＂＂>
</ form >
```

语法说明：

在表单中插入密码框,只要将< input >标记中 type 属性值设为 password 就可以插入密码框,maxlength、size 属性与文件输入框 text 的属性相同。

案例【6.2.3】密码框的应用

```
<! doctype html >
< html >
< head >
< meta charset = "utf - 8">
< title >密码框 password </title >
</head >
< body >
        < form  >
    用户名：
    < input type = "text" name = "yourname" size = 15 > < p >
    密  ；码：
    < input type = "password" name = "yourpw" size = 15 > < p >
    < input type = "submit" value = "登录">
  < input type = "reset" value = "取消">
        </form >
</body >
</html >
```

效果如图 6.2.3 所示。

图 6.2.3　密码框的应用

（3）复选框 checkbox

基本语法：

```
< form > < input name = "text" type = "checkbox"   value = "">
</form >
```

语法说明：

用户可以同时选中表单中的一个或多个复选项作为输入信息，由于选项可以有多个，属性 name 应取不同的值；属性 value 的参数值就是在该选项被选中并提交后，浏览器要传送给服务器的数据。因此，value 属性的参数值必须与选项内容相同或基本相同，该属性是必选项;checked 属性用于指定该选项在初始时是否被选中。

案例【6.2.4】复选框的应用

```
<!doctype html>
<html>
<head>
<meta charset="utf-8">
<title>复选框 checkbox</title>
</head>
<body>
        请选择你喜欢的城市:<br>
<form>
<input type="checkbox" name="beijing" value="beijing">
北京<br>
<input type="checkbox" name="shanghai" value="shanghai">
上海<br>
<input type="checkbox" name="changsha" value="changsha">
长沙<br>
<input type="submit" value="提交">
</form>
</body>
</html>
```

效果如图6.2.4所示。

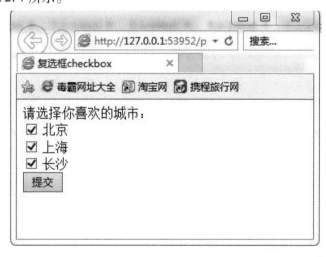

图6.2.4 复选框的应用

(4)单选框 radio

`<form> <input name="radio" type="radio"   value=" ">`

＜／form＞

语法说明：

单选项必须是唯一的，即用户只能选中表单中所有单选项中的一项作为输入信息，因此，所有属性的 name 都应取相同的值。不同的选项，其属性 value 值应是不同的。

checked 属性用于指定该选项在初始时是被选中的。

案例【6.2.5】单选框的应用

＜！doctype html＞

＜html＞

＜head＞

＜meta charset＝"utf－8"＞

＜title＞单选框 radio ＜／title＞

＜／head＞

＜body＞

　　　　每页最多显示邮件数：＜br＞

＜form action＝"ParaSet. aspx" method＝"post"＞

＜input type＝"radio" name＝"mail" value＝"10"＞10 封 ＜br＞

＜input type＝"radio" name＝"mail" value＝"20"＞20 封（推荐）＜br＞

＜input type＝"radio" name＝"mail" value＝"30"＞30 封 ＜br＞

　＜input type＝"radio" name＝"mail" value＝"50"＞50 封 ＜br＞

＜input type＝"radio" name＝"mail" value＝"100"＞100 封 ＜br＞

　＜input type＝"submit" value＝"提交"＞

＜／form＞

＜／body＞

＜／html＞

效果如图 6.2.5 所示。

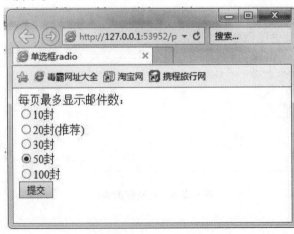

图 6.2.5　单选框的应用

（5）图像按钮 image

基本语法：

＜form＞

＜input name＝"image"　type＝"image" src＝"url"＞

＜/form＞

语法说明：

单击该按钮时，浏览器就会将表单的输入信息传送给服务器。image 类型中的 src 属性是必需的，它用于设置图像文件的路径。

案例【6.2.6】图像按钮的应用

＜！doctype html＞

＜html＞

＜head＞

＜meta charset＝"utf－8"＞

＜title＞图像按钮 image＜/title＞

＜/head＞

＜body＞

　　　　＜form＞

　　你最喜欢的水果：

　　＜select name＝"Fruits"＞

　　＜option value＝"apple"＞苹果

　　＜option value＝"grape"＞葡萄

＜option value＝"strawberry"＞草莓

　　＜/select＞　＜p＞

　　＜input type＝"image" src＝"fruit. jpg" value＝"提交"＞

　　＜/form＞

＜/body＞

＜/html＞

效果如图 6.2.6 所示。

（6）文件选择输入框 file

基本语法：

＜form＞

＜input name＝"file"　type＝"file"＞

＜/form＞

语法说明：

在表单中插入文件选择输入框，只要将＜input＞标记中 type 属性值设为 file 就可以插入文件选择输入框。

图6.2.6　图像按钮的应用

案例【6.2.7】文件选择输入框

```
<! doctype html >
< html >
< head >
< meta charset = " utf - 8 " >
< title > 文件选择输入框 file < /title >
< /head >
< body >
    < form >
     < p >
        请选择文件 < br >
< input type = " file " name = " uploadfile " size = " 40 " >
     < /p >
< div >
< input type = " submit " value = "上传" name = " Send " " >
     < /div >
     < /form >
< /body >
< /html >
```

效果如图6.2.7所示。

（7）隐藏域hidden

隐藏域在页面中对于用户是不可见的,在表单中插入隐藏域的目的在于收集或发送信息,以利于被处理表单的程序所应用。

基本语法:

< form >

图6.2.7 文件选择输入框的应用

< input name = " hidden " type = " hidden " value = " " >

< /form >

语法说明:

当 type = hidden 时,输入项将不在浏览器中显示。

案例【6.2.8】隐藏域 hidden 的应用

< ! doctype html >

< html >

< head >

< meta charset = " utf - 8 " >

< title > 隐藏域 hidden < /title >

< /head >

< body >

    < form >

    < input type = " hidden " name = " hiddenField " id = " hiddenField " >

< /form >

< /body >

< /html >

注意:隐藏域在浏览时虽不可见,但它的名称和值会随表单一起提交到服务器端。

6.2.2 多行文本输入框 < textarea >

用 < textarea > 标记可以来定义高度超过一行的文本输入框。< textarea > 标记是成对标记,首标记 < textarea > 和尾标记 < /textarea > 之间的内容就是显示在文本输入框中的初始信息。< textarea > 标记有四个属性:name,rows,cols,wrap。

基本语法:

< form >

< textarea name = " textarea " cols = " " rows = " " wrap = " "

< /textarea >

< /form >

语法说明:

name:用于指定文本输入框的名字。

rows:设置多行文本输入框的行数,此属性的值是数字,浏览器会自动为高度超过一行的文本输入框添加垂直滚动条。但是,当输入文本的行数小于或等于 rows 属性的值时,滚动条将不起作用。

cols:设置多行文本输入框的列数。

wrap:默认值是文本自动换行,当输入内容超过文本域的右边界时会自动转到下一行,而数据在被提交处理时自动换行的地方不会有换行符出现。

案例【6.2.9】多行文本输入框的应用

```
<!doctype html>
<html>
<head>
<meta charset="utf-8">
<title>多行文本输入框<textarea></title>
</head>
<body>
    <form>
        请提宝贵意见:<br>
    <textarea name="yoursuggest" cols="50" rows="3">
</textarea>        <br>
<input type="submit" value="提交">
<input type="reset" value="重写">
</form>
</body>
</html>
```

效果如图 6.2.8 所示。

图 6.2.8　多行文本输入框的应用

6.2.3　下拉列表框＜select＞、＜option＞

在表单中,通过＜select＞和＜option＞标记可以在浏览器中设计一个下拉式的列表或带有滚动条的列表,用户可以在列表中选中一个或多个选项。这一点与＜input＞标记中的单选框和多选框的应用方法相似,只是形式不同。

基本语法:

＜form＞

＜select name ="" size =""＞

＜options value =""＞

…

＜options value =""＞

＜/select＞

＜/form＞

语法说明:

（1）＜select＞

＜select＞标记是成对标记,首标记＜select＞和尾标记＜/select＞之间的内容就是一个下拉式菜单的内容。＜select＞标记必须与＜option＞标记配套应用。＜option＞标记用于定义列表中的各个选项,＜select＞标记有 name、size、multiple 三个属性。

①name:设定下拉列表名字。

②size:可选项,用于改变下拉框的大小。size 属性的值是数字,表示显示在列表中选项的数目。当 size 属性的值小于列表框中的列表项数目时,浏览器会为该下拉框添加滚动条,用户可以应用滚动条来查看所有的选项,size 默认值为 1。

③multiple:如果加上该属性,表示允许用户从列表中选择多项。

（2）＜option＞

＜option＞标记用来定义列表中的选项,设置列表中显示的文字和列表条目的值,列表中每个选项有一个显示文本和一个 value 值(当选项被选择时传送给处理程序的信息)。＜option＞标记是单标记,它必须嵌套在＜select＞标记中应用。一个列表中有多少个选项,就要有多少个＜option＞标记与之相对应,选项的具体内容写在每个＜option＞之后。＜option＞标记有两个属性:value 和 selected,它们都是可选项。

①value:用于设置当该选项被选中并提交后,浏览器传送给服务器的数据。如果是默认状态,浏览器将传送选项的内容。

②selected:用来指定选项的初始状态,表示该选项在初始时被选中。

案例【6.2.10】下拉列表框的应用

＜! doctype html ＞

＜html ＞

＜head ＞

＜meta charset ="utf -8""＞

```
<title>下拉列表框</title>
</head>
<body>
    <form >
        你最喜欢的运动：
    <select name="sports">
        <option value="football">足球
        <option value="bastetball">篮球
        <option value="volleyball">排球
    </select>
    <input type="submit" value="提交">
</form>
</body>
</html>
```

效果如图6.2.9所示。

图6.2.9 下拉列表框的应用

【课程育人】

通过该案例与表单基本元素应用方法及技巧融合学习,要注意:

1.在掌握表单制作技术的同时要有社会责任感,不因为自己的技术泄露而导致网络暴力与网络犯罪。

2.在进行制作任务时,遇到不对劲的地方要及时报警,要为维护社会正义挺身而出,打击网络犯罪分子与诈骗犯罪分子,保障国家与人民的信息与财产安全。

【课堂互动】

1. 在表单元素"列表"的属性中,(　　　)用来设置列表显示的行数。

　　A. 类型　　　　　　B. 高度　　　　　　C. 允许多选　　　　D. 列表值

2. 有一个供用户注册的网页,在用户填写完成后,单击"确定"按钮,网页将检查所填写的资料的有效性,这是因为使用了 Dreamweaver 的(　　　)事件。

　　A. 检查表单　　　　B. 检查插件　　　　C. 检查浏览器　　　D. 改变属性

3. 在 Dreamweaver 中,最常用的表单处理脚本语言是(　　　)。

　　A. C　　　　　　　B. Java　　　　　　C. ASP　　　　　　　D. JavaScript

4. 在 Dreamweaver 中,下面关于 < form > 标记的说法错误的是(　　　)。

　　A. Form 标记的主要属性有 Method 和 Action

　　B. Method 表示表单递交的方法是 Post 或 Get

　　C. Action 是告诉表单把收集到的数据送到什么地方

　　D. Action 指向处理表单数据的服务端程序而不能是 mailto 标签

任务6.3　表单高级元素

【案例引入】

　　从 2018 年网站安全的攻防实践来看,网站攻击与漏洞利用正在向批量化、规模化方向发展。网站安全直接关系到大量的个人信息、商业机密、财产安全等数据。攻击者入侵网站后,一会篡改网站内容,植入黑词黑链;二是植入后门程序,控制网站或网站服务器;三是通过其他方式骗取管理员权限,进而控制网站或进行拖库。

　　自从 2011 年 CSDN 泄密事件发生以后,网站遭遇拖库和撞库的事件就不断发生。到了 2018 年,撞库攻击达到了前所未有的高峰期。从某漏洞响应平台等渠道披露的信息来看,2018 年,包括无秘(原秘密)、大众点评网、搜狐、安智网、汽车之家、搜狗、印象笔记等多家国内知名网站都遭到了撞库攻击,大量用户个人信息被泄露。2014 年至今,约有总计 11.216 7 亿用户信息数据因网站遭遇拖库和撞库等原因被泄露。

【案例分析】

　　从案例中看出,网站攻击与漏洞利用犯罪正在向批量化、规模化方向发展,个人信息数据有被窃取的风险。作为网页制作的信息技术类专业人才,我们要提高个人道德素质和社会责任感,制止网络不良言行与网络暴力,打击网络犯罪分子与诈骗犯,保障国家与人民的信息与财产不被盗窃和破坏。

6.3.1 url 属性的应用

url 属性是用于说明网站网址的,显示为一个文本字段输入 URL 地址,在提交表单时,会自动验证 url 的格式是否正确。代码格式如下:

<input type =" url " name =" userurl "/ >

另外,用户可以应用普通属性设置 url 输入框,例如可以应用 max 属性设置其最大值、min 属性设置其最小值,利用 step 属性设置合法的数字间隔,利用 value 属性规定其默认值。

案例【6.3.1】url 属性的应用

```
< ! doctype html >
< html >
< head >
< meta charset =" utf - 8 " >
< title > url 属性的应用 </title >
</head >
< body >
    < form  >
        请输入网址: < br >
        < input type =" url "  name =" userurl "  max =" 50 " min =" 20 " >
            < input type =" submit " value =" 提交 " >
< br >
</form >
</body >
</html >
```

效果如图 6.3.1 所示。

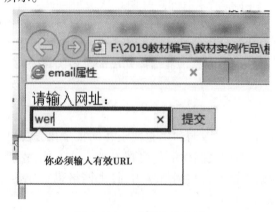

图 6.3.1 url 属性的应用

6.3.2 email 属性的应用

与 url 属性类似，email 属性用于让浏览者输入 E-mail 地址。在提交表单时，会自动验证 email 的格式是否正确。代码格式如下：

＜input type ="email" name ="user_email"＞

案例【6.3.2】email 属性的应用

```
＜！DOCTYPE htm1＞
＜html＞
＜body＞
＜form＞
＜br/＞
请输入您的邮箱地址：
＜input type ="email" name =" user email"/＞
＜br＞
＜input type ="submit" value ="提交"＞
＜br＞
＜/form＞
＜/body＞
＜/html＞
```

效果如图 6.3.2 所示，用户即可输入相应的邮箱地址。如果用户输入的邮箱地址不合法，单击"提交"按钮后，系统会弹出提示信息。

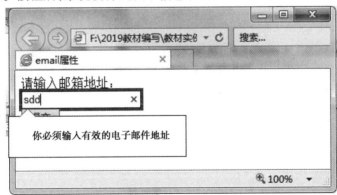

图 6.3.2 email 属性的应用

6.3.3 HTML5 中新增的一些日期和时间属性

这些属性包括 date、datetime、datetime-local、month、week 和 time。

表 6.3.1　一些日期和时间属性

date	选取日、月、年
month	选取月、年
week	选取周和年
time	选取时间
datetime	选取时间、日、月、年
datetime-local	选取时间、日、月、年（本地时间）

上面属性的代码格式都差不多，例如以 date 属性为例，代码格式如下：

```
< input type = " date " name = " user_date " >
```

案例【6.3.3】日期和时间属性的应用

```
< ! doctype html >
< html >
< head >
< meta charset = " utf - 8 " >
< title > 日期和时间属性 </ title >
</ head >
< body >
    < form  >
        < input type = " date " name = " user_date "   > < p >
</ form >
</ body >
</ html >
```

在谷歌浏览器中浏览，效果如图 6.3.3 所示，用户单击输入框中的向下按钮，即可在弹出窗口中选择需要的日期。

图 6.3.3　日期属性应用

6.3.4　number 属性的应用

number 属性提供了一个输入数字的输入类型。用户可以直接输入数值,或者通过单击微调框中的向上或者向下按钮来选择数值。代码格式如下:

＜input type＝"number" name＝"number"＞

案例【6.3.4】number 属性的应用

＜!doctype html＞

＜html＞

＜head＞

＜meta charset＝"utf－8"＞

＜title＞number 属性＜/title＞

＜/head＞

＜body＞

　　　＜form＞

　　这本书我曾经看过 ＜input type＝"number" name＝"shuzi"　max＝"10" min＝"0"＞次了。

　　＜!－－ min 和 max 属性规定输入的最小值和最大值　－－＞

＜/form＞

＜/body＞

＜/html＞

在谷歌浏览器中浏览,效果如图 6.3.4 所示,用户可以直接输入数值,也可以单击微调按钮选择合适的数值。

图 6.3.4　number 属性的应用

6.3.5　range 属性的应用

range 属性显示为一个滑条控件。与 number 属性一样,用户可以应用 max,min 和 step 属性来控制控件的范围。

代码格式如下:

< input type = " range " name = " range " min = " 1 " max = " 30 "/ >

表 6.3.2　range 属性

属性	描述
max	设置或返回滑块控件的最大值
min	设置或返回滑块控件的最小值
step	设置或返回每次拖动滑块控件时的递增量
value	设置或返回滑块控件的 value 属性值
defaultValue	设置或返回滑块控件的默认值
autofocus	设置或返回滑块控件在页面加载后是否应自动获取焦点

案例【6.3.5】range 属性的应用

< ! doctype html >

< html >

< head >

< meta charset = " utf − 8 " >

< title > range 属性 < /title >

< /head >

< body >

　　< form >

< input type = " range " name = " score "　 min = " 1 " max = " 20 " step = " 5 "/ >

< /form >

< /body >

< /html >

效果如图 6.3.5 所示。

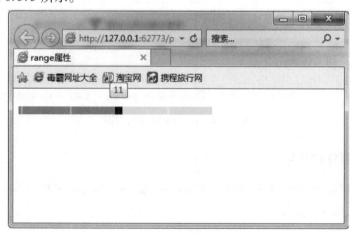

图 6.3.5　range 属性的应用

6.3.6　required 属性的应用

required 属性规定必须在提交之前填写输入字段。如果使用该属性,则字段是必填（或必选）的。required 属性适用于以下类型的输入属性:text,search, url, email,password, date,pickers,number,checkbox 和 radio 等。

案例【6.3.6】required 属性的应用

```
< ! doctype html >
< html >
< head >
< meta charset = " utf - 8 " >
< title > required 属性 < / title >
< / head >
< body >
     < form >
     下面是输入用户登录信息:
< p >
用户名称:
< input type = " text " name = " user " requiredr = " required " > < p >
用户密码:
< input type = " password " name = " password " required = " required " > < p >
< input type = " submit "    value = "提交" >
< / form >
< / body >
< / html >
```

效果如图6.3.6所示。

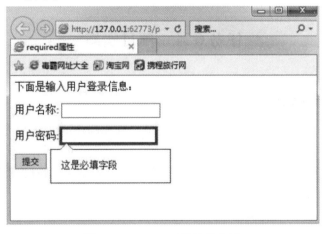

图6.3.6　required 属性的应用

required 属性主要用来制作表单、数据调研、调查问卷等页面,学会应用各种表单元素实现网站登录注册页面的功能等。

【课程育人】

1. 在用表单数据调研,制作调查问卷页面时,一定要知法守法,不发表不当言论。
2. 在制作登录注册页时,不留漏洞给犯罪分子。
3. 进行系统维护时,能及时发现问题、解决问题。

【课堂互动】

1. 以下应用属于利用表单功能设计的有(　　)。(多选)
　A. 用户注册　　　　　　　　　　　B. 浏览数据库记录
　C. 网上订购　　　　　　　　　　　D. 用户登录
2. 下面表单的工作过程说法错误的是(　　)。
　A. 访问者在浏览有表单的网页时,填上必需的信息,然后按提交按钮递交
　B. 这些信息通过 Internet 传送到服务器上
　C. 服务器上专门的程序对这些数据进行处理
　D. 因为表单处理程序放在服务器,所以不管服务器的程序如何编写,我们都无法知道信息是否被成功递交到服务器
3. 下面关于设置文本域的属性说法中,错误的是(　　)。
　A. 单行文本域只能输入单行的文本
　B. 通过设置可以控制单行域的高度
　C. 通过设置可以控制输入单行域的最长字符数
　D. 口令域的主要特点是不在表单中显示具体输入内容,而是用 * 来替代显示
4. 可以插入到表单中的对象有(　　)。(多选)
　A. 单行文本框　　　B. 隐藏域　　　　C. 复选框　　　　D. 列表框

任务6.4　项目实施

6.4.1　百度登录页制作

图 6.4.1 是百度登录页,现在我们利用表单工具来制作网站登录页的效果。制作过程如下。

①进入 DreamWeaver CC 2019 程序,打开课程资源网站,在站点里新建一个网页并命名为 login. html,打开该网页。

②调出表单工具,单击表单工具,插入一个表单域。在表单域里插入一个 7 行 1 列的表格,设 <table> </table>标签的对齐属性为"居中"。效果如图 6.4.2 所示。

③插入内容。

a. 将表格第一行拆分为两列,第一列插入
课程资料的"百度标志"图片;第二列输入"用
户名密码登录"。

b. 第二行插入表单工具"单行文本框",值
(vlaue)设为"手机/邮箱/用户名",文本框前
面的"Text Field:"可以删掉,单元格的对齐属
性设为"居中"。

c. 第三行插入表单工具"单行文本框",值
(vlaue)设为"密码",设置同上。

d. 第四行插入"复选框",后面"Checkbox"
改为"下次自动登录"。

e. 第五行插入按钮,值(vlaue)改为"登
录",单元格属性设为"居中"。

f. 第六行输入文字"忘记密码?"。

图6.4.1 百度登录页面

g. 第七行拆分为两列,第一列输入文字"扫码登录",第二列输入文字"立即注册"。
效果如图6.4.3所示。

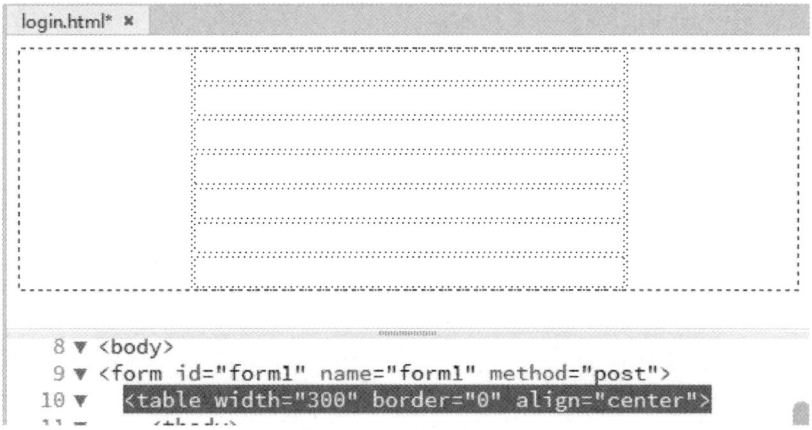

图6.4.2 表单内的居中对齐表格

图6.4.3 百度登录页面的制作

④依次对第六行的文字"忘记密码?"和 第七行的文字"扫码登录""立即注册"建立空链接。方法如下：

<td><a href="#">忘记密码?</a></td>

<td><a href="#">扫码登录</a></td>

<td><a href="#">立即注册</a></td>

⑤对登录按钮进行如下设置：

<input style="width：200px；height：40px；background-color：#06F4D3；"text-align：center；""type="button" name="button" id="button" value="登录">

⑥分别设置表单与表格的背景颜色。

a. 表单背景设置：

<form id="form1" name="form1" method="post" style="background-color：#8C8C8C；">

b. 表格背景设置：

<table width="300" height="400" border="0" align="center" bgcolor="#A6EBEA">

所有设置完毕，效果如图6.4.4所示。

图6.4.4 百度登录页制作

6.4.2 起点图书网站调查问卷页制作

图6.4.5是起点图书网站调查问卷页，现在我们利用表单工具来制作调查问卷页的效果。制作过程如下：

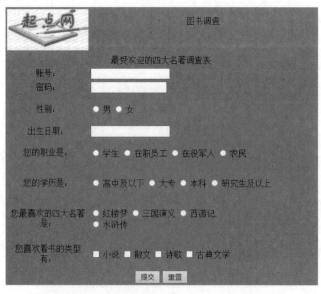

图6.4.5 起点图书网站调查问卷页制作

①进入 DW CC 程序,打开课程资源里面的起点图书网站,在站点里新建一个网页命名为 question. html,打开该网页。效果如图 6.4.6 所示。

②调出表单工具,选择表单工具,插入一个表单域。在表单域里插入一个 11 行 2 列的表格,设 < table > </table > 标签的对齐属性为"居中"。

③将表格第 1 行第 1 列插入课程资料的"起点图书网站"Logo 图片;第 2 列输入"图书调查";在第 2 行选中两个单元格进行合并,输入"最受欢迎的四大名著调查表"文字。第 3 行第 1 列插

图 6.4.6　调查问卷网页文件的建立

入"账号:",第 2 列插入表单工具"单行文本框",文本框前面的"Text Field:"可以删掉,单元格的对齐属性设为"居中"。

④第 4 行第 1 列输入"密码:"第 2 列插入表单工具"密码框"文本框,前面的"Text Field:"可以删掉,单元格的对齐属性设为"居中"。第 5 行第 1 列输入"性别:",第 2 列输入单选按钮组"男""女"两项。

⑤第 6 行第 1 列输入文字"出生日期";第 2 列插入"日期"表单元素。第 7 行第 1 列输入文字"您的职业是:",第 2 列输入单选按钮组"学生""在职员工""在役军人""农民"4 项。

⑥第 8 行第 1 列输入文字"您的学历是:",第 2 列输入单选按钮组"高中及以下""大专""本科""研究生及以上"4 项。第 9 行第 1 列输入文字"您最喜欢的四大名著是:",第 2 列输入单选按钮组"红楼梦""三国演义""西游记""水浒传"4 项。

⑦第 10 行第 1 列输入文字"您喜欢看书的类型有:",第二列输入复选按钮组"小说""散文""诗歌""古典文学"4 项。

⑧第 11 行插入提交和重置按钮,单元格属性设为"居中"。

⑨设置表格的背景颜色。

< table width = " 600 " border = " 0 " align = " center "　bgcolor = " #548CEF " > 。

所有设置完毕,效果如图 6.4.5 所示。

技能训练

请利用所学的表单知识在 DreamWeaver CC 程序里将如图 6.4.7 所示的疫情调查问卷页制作出来。

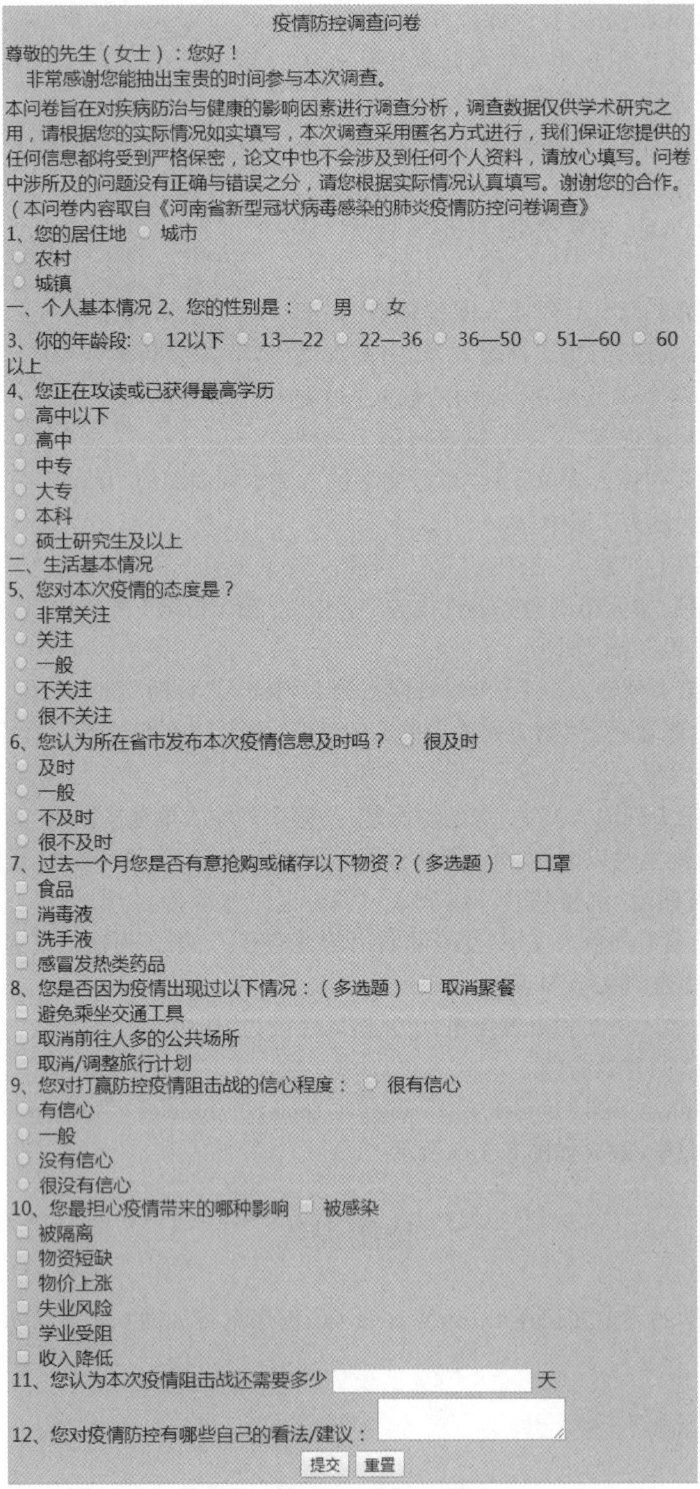

疫情防控调查问卷

尊敬的先生（女士）：您好！

非常感谢您能抽出宝贵的时间参与本次调查。

本问卷旨在对疾病防治与健康的影响因素进行调查分析，调查数据仅供学术研究之用，请根据您的实际情况如实填写，本次调查采用匿名方式进行，我们保证您提供的任何信息都将受到严格保密，论文中也不会涉及到任何个人资料，请放心填写。问卷中涉所的问题没有正确与错误之分，请您根据实际情况认真填写。谢谢您的合作。

（本问卷内容取自《河南省新型冠状病毒感染的肺炎疫情防控问卷调查》

1、您的居住地 ○ 城市
○ 农村
○ 城镇

一、个人基本情况 2、您的性别是： ○ 男 ○ 女

3、你的年龄段： ○ 12以下 ○ 13—22 ○ 22—36 ○ 36—50 ○ 51—60 ○ 60以上

4、您正在攻读或已获得最高学历
○ 高中以下
○ 高中
○ 中专
○ 大专
○ 本科
○ 硕士研究生及以上

二、生活基本情况

5、您对本次疫情的态度是？
○ 非常关注
○ 关注
○ 一般
○ 不关注
○ 很不关注

6、您认为所在省市发布本次疫情信息及时吗？ ○ 很及时
○ 及时
○ 一般
○ 不及时
○ 很不及时

7、过去一个月您是否有意抢购或储存以下物资？（多选题） □ 口罩
□ 食品
□ 消毒液
□ 洗手液
□ 感冒发热类药品

8、您是否因为疫情出现过以下情况：（多选题） □ 取消聚餐
□ 避免乘坐交通工具
□ 取消前往人多的公共场所
□ 取消/调整旅行计划

9、您对打赢防控疫情阻击战的信心程度： ○ 很有信心
○ 有信心
○ 一般
○ 没有信心
○ 很没有信心

10、您最担心疫情带来的哪种影响 □ 被感染
□ 被隔离
□ 物资短缺
□ 物价上涨
□ 失业风险
□ 学业受阻
□ 收入降低

11、您认为本次疫情阻击战还需要多少 [   ] 天

12、您对疫情防控有哪些自己的看法/建议： [   ]

提交 重置

图 6.4.7 疫情调查问卷页

模块 7　基于 HTML5 的多媒体应用

随着互联网技术的发展,视频音频在网页中的应用越来越广泛,而网页多媒体的应用主要是指视频、音频在网页中的应用。

【学习目标】

知识目标:

1. 了解 HTML5 音频、视频的概念及特点;

2. 掌握 HTML5 插入音频的方法及技巧;

3. 掌握 HTML5 插入视频的方法及技巧;

4. 掌握 HTML5 其他多媒体的使用方法及技巧。

技能目标:

1. 具备 HTML5 插入音频的方法及技巧的能力;

2. 掌握 HTML5 插入视频的方法及技巧的能力;

3. 学会 HTML5 其他多媒体的使用方法及技巧的能力。

素质目标:

1. 通过插入"神舟十二号载人飞船"音频的学习,培养热爱科学、热爱国家的民族自豪感。

2. 通过插入"神舟十二号载人飞船"视频的学习,培养向科学高峰攀登,立志学好专业知识,为国家建设添砖加瓦的奋斗精神。

任务7.1　插入音频

【案例引入】

北京时间 2021 年 6 月 17 日 9 时 22 分,长征二号 F 遥十二运载火箭托举神舟十二号载人飞船拖曳着红色尾焰升空。"最强双十二"联手,将聂海胜、刘伯明、汤洪波 3 名航天员送入太空。这是中国空间站在轨建造阶段首次载人飞行任务,空间站建造任务再次向前迈出一大步。在这项举世瞩目的任务中,神舟十二号载人飞船刷新了中国载人航天技术的新高度;完成五项"中国首次",即首次实现与天和核心舱的载人自主快速对接;首次实施绕飞与空间站进行径向交会;首次具备从不同高度轨道返回东风着陆场的能力;首次实现载人飞船长期在轨停靠;首次具备天地结合多重保证的应急救援能力。神舟十二号载人飞船将首次实施载人自主快速对接,在空间站不断调整姿态的配合下,神舟十二号载人飞船最快能实现发射后 6.5 小时与空间站对接。此外,神舟十二号飞船将首次实现载人飞船长期在轨停靠,飞船将在轨停靠 3 个月。为满足长期停靠的要求,神舟团队对返回轨道重新进行适应性设计,使载人飞船返回高度从固定值调整为相对范围,并改进返回算法,提高载人飞船返回适应性和可靠性,神舟飞船首次具备从不同高度轨道返回东风着陆场的能力。本次活动的圆满成功,标志着我国能够重复使用航天器技术研究取得了重要的突破,后续可为和平利用太空提供更多的便捷、廉价的往返方式。第一个意义是进一步验证了载人航天的可行性,第二个意义是验证了航天员长期驻留的保障问题,第三个意义丰富了我国航天员出舱作业的经验。

【案例分析】

运载火箭托举神舟十二号载人飞船,刷新了中国载人航天技术的新高度,完成五项"中国首次",进一步验证了载人航天的可行性,解决了航天员长期驻留的保障问题,丰富了我国航天员出舱作业的经验。通过"神舟十二号载人飞船"音频与视频的学习,树立向科学高峰攀登,立志学好专业知识,为国家建设添砖加瓦的奋斗精神。

【主要知识点】

网页中大多数音频是通过插件来播放的,与 HTML4 相比,HTML5 新增了 audio 标签,提供了一种包含音频的标准方法。

7.1.1 audio 标签概述

audio 标签主要是定义播放声音文件或者音频流的标准。它支持 3 种音频格式,分别为 Ogg、MP3 和 WAV,HTML5 通过 < audio > 标签来解决音频播放的问题。

语法格式:

< audio src = "路径" autoplay = "autoplay" controls = "true" loop = 2 > < / audio >

autoplay 属性控制是否网页加载自动播放;

src 属性规定要播放的音频的地址;

controls 是否显示播放控件,默认不显示;

loop 属性用于控制循环次数,如果值为正整数,则播放指定的次数,如果是 loop 或者是 loop = −1,则无限循环播放。

在 < audio > 和 < /audio > 之间插入的内容是供不支持 audio 元素的浏览器显示的。

audio 标签的常见属性和含义如表 7.1.1 所示。

表 7.1.1　audio 标签的常见属性

属性	值	描述
autoplay	autoplay(自动播放)	如果出现该属性,则音频在就绪后马上播放
controls	controls(控制)	如果出现该属性,则向用户显示控件,比如播放按钮
loop	loop(循环)	如果出现该属性,则每当音频结束时重新开始播放
preload	preload(加载)	如果出现该属性,则音频在页面加载时进行加载,并预备播放。如果使用 autoplay,则忽略该属性
src	url(地址)	要播放的音频的 url 地址

audio 标签可以通过 source 属性添加多个音频文件,具体格式如下:

< audio controls = " controls " >

< source src = " 123. ogg " type = " audio/ogg " >

< source src = " 123. mp3 " type = " audio/mpeg " >

< /audio >

案例【7.1.1】插入音频

< ! doctype html >

< html >

< head >

< meta charset = " utf − 8 " >

< title > 插入音频 < /title >

< /head >

< body >

  < audio autoplay = " autoplay " controls = " true " loop = 4 >

  < source src = " 音频/a8. ogg " type = " audio/ogg " >

< /audio >

< a href = " 音频/a2. mp3 " > a2 < /a > < /body >

< /html >

效果如图7.1.1所示。

图 7.1.1 插入音频

7.1.2 在网页中添加音频文件

当在网页中添加音频文件时,用户可以根据自己的需要添加不同类型的音频文件,如添加自动播放的音频文件,添加带有控件的音频文件,添加循环播放的音频文件等。

微课 7.1 插入音频

1)添加自动播放音频文件

autoplay 属性规定一旦音频就绪,马上就开始播放。如果设置了该属性,音频将自动播放。

下面就是在网页中添加自动播放音频文件的相关代码。

案例【7.1.2】插入音频

```
< ! doctype html >
< html >
< head >
< meta charset = "utf - 8" >
< title > 插入音频 </title >
</head >
< body >  < audio src = "音频/b1. mp3" controls = "controls" autoplay = "autoplay" >
</audio >
</body >
</html >
```

在谷歌浏览器测试预览,效果如图 7.1.2 所示,可以看到网页中加载了音频播放控制条,会自动播放加载的音频文件。

图 7.1.2 插入音频

2)添加循环播放的音频文件

loop 属性规定当音频结束后将重新开始播放。如果设置该属性,则音频将循环播放。

案例【7.1.3】音频的循环播放

```
< ! doctype html >
< html >
< head >
< meta charset = "utf - 8" >
< title > 循环播放 </title >
</head >
< body >
    < audio src = "音频/b1. mp3" controls = "controls" loop = "loop" >
</audio >
```

</body >

</html >

效果如图 7.1.3 所示。

图 7.1.3　循环播放

3）添加预播放的音频文件

preload 属性规定是否在页面加载后载入音频,如果设置了 autoplay 属性,则忽略该属性。

preload 属性的值可能有三种,分别如下:

auto:当页面加载后载入整个音频。

Meta:当页面加载后只载入元数据。

None:当页面加载后不载入音频。

案例【7.1.4】音频预播放

< ! doctype html >

< html >

< head >

< meta charset = " utf - 8 " >

< title >预播放 </title >

</head >

< body >

　　< audio src = "音频/b1. mp3 " controls = " controls " preload = " auto " >

< source 　src = "音频/b2. mp3 " >

</audio >

</body >

</html >

效果如图 7.1.4 所示,网页加载了音频播放控制器。

图7.1.4　音频预播放

【课程育人】

通过对该案例的引入与在网页中插入音频的使用技巧与方法的融入学习,总结如下:
通过学习在网页中插入音频,尤其是神舟十二号载人飞船成功的新闻音频。

【课堂互动】

1. audio 标签主要是定义播放声音文件或者音频流的标准。下面哪种格式是它不支持的?(　　　)。

A. Ogg　　　　　　　　B. MP3　　　　　　　　C. Mpeg　　　　　　　　D. WAV

2. 不属于 audio 属性的是(　　　)。(多选)

A. autoplay　　　　　　B. src　　　　　　　　C. loop　　　　　　　　D. controls

3. preload 属性规定是否在页面加载后载入音频,它的值是 Meta 时,表示(　　　)。

A. 当页面加载后只载入元数据　　　　　　B. 当页面加载后载入整个音频

C. 当页面加载后不载入音频　　　　　　　D. 当页面加载后载入所有音频

任务7.2　插入视频

【案例引入】

2021 年 6 月 17 日,长征二号 F 遥十二运载火箭发射成功,将神舟十二号载人飞船送入预定轨道。随后,神舟十二号载人飞船与天和核心舱完成自主快速交会对接,3 名航天员顺利进驻天和核心舱。"我们不仅要把核心舱这个'太空家园'布置好,还要开展一系列关键技术验证""作为指令长,我会团结带领乘组,严密实施、精心操作,努力克服一切困难""我们有底气、有信心、有能力完成好此次任务"……16 日上午,执行神舟十二号载人飞行任务的 3 名航天员在酒泉卫星发射中心问天阁与中外媒体记者集体见面。航天员聂海胜坚定的话语向世人传递出必胜的信心。本次任务航天员乘组选拔按照"新老搭配,以老带新"的方式,结合航天员飞行经历、相互协同能力等方面,选拔出飞行乘组和备份航天员。航天员聂海胜参加过神舟六号、神舟十号载人飞行任务,航天员刘伯明参加过神舟七号载人飞行任务,航天员汤洪波是首次飞行。对此,本次任务周密制定了航天员训练方案和计划,扎实开展了地面训练和任务准备,每名航天员训练均超过了6 000学时。特别是针对空间站技术、出舱活动、机械臂操控、心理以及在轨工作生活开展了重点训练。"这次任务出舱活动时间大幅增加,任务更加复杂,为此,我们进行了严格、系统、全面的训练,特别是穿着我国研制的新一代舱外航天服,我们更加有信心应对各种挑战。"航天员刘伯明说。首次亮相的航天员汤洪波说,经过11年的学习训练和磨砺考验,已经完成了从航空到航天这一艰苦难忘的转型,经过一轮又一轮严格科学的选拔,对自己充满信心,也十分期待有朝一日能和来自世界其他国家的航天员一起遨游"天宫"。

【案例分析】

通过案例的引入,感受到我们国家航天事业的迅速发展,航天人的默默付出,以及为航天事业做出巨大牺牲的航天前辈,都是我们学习的榜样。同时也希望激起同学们热爱科学、热爱祖国、热爱人民,立志学好专业知识的决心。

【主要知识点】

与音频文件播放方式一样,大多数视频文件在网页上也是通过插件来播放的。例如常见的播放插件为Flash,但由于不是所有的浏览器都拥有同样的插件,所以就需要一种统一的包含视频的标准方法,为此,与HTML4相比,HTML5新增了video标签。

7.2.1　video标签概述

video标签主要是定义播放视频文件或者视频流的标准。它支持3种视频格式,分别为Ogg,、WebM和MPEG 4。

如果需要在HTML5网页中播放视频,输入的基本格式如下:

< video src = " 123. mp4 " controls = " controls " > ... < /video >

案例【7.2.1】视频播放

< ! doctype html >

< html >

< head >

< meta charset = " utf - 8 " >

< title > 视频播放 < /title >

< /head > < body >

< video src = "视频/a2. mp4 " controls = " controls " > < /video >

< /audio >

图 7.2.1　插入视频

</body>

</html>

效果如图7.2.1所示。

7.2.2　video标签的属性（表7.2.1）

表7.2.1　video标签的属性

属性	值	描述
autoplay	autoplay	视频就绪后马上播放
controls	controls	向用户显示控件，比如播放按钮
loop	loop	每当视频结束时重新开始播放
preload	preload	视频在页面加载时进行加载，并预备播放。如果使用autoplay，则忽略该属性
src	url	要播放的视频的url地址
width	宽度值	设置视频播放器的宽度
height	高度值	设置视频播放器的高度
poster	url	当视频没响应或缓冲不足时，该属性值链接到一个图像。该图像将以一定比例被显示出来

7.2.3　在网页中添加视频文件

当在网页中添加视频文件时，用户可以根据自己的需要添加不同类型的视频文件，如添加自动播放的视频文件、添加带有控件的视频文件、添加循环播放的视频文件等，另外，还可以设置视频文件的高度和宽度。

微课7.2　插入视频

1）添加自动播放的视频文件

autoplay属性规定一旦视频就绪则马上开始播放。如果设置了该属性，视频将自动播放。

案例【7.2.2】插入自动播放视频

<! doctype html >

< html >

< head >

< meta charset = " utf - 8 " >

< title >插入自动播放视频</title >

</ head >

< body >

```
< video controls = " controls " autoplay = " autoplay " >
  < source Src = " 视频/a1. mp4 " >
</ video >
</ body >
</ html >
```

效果如图7.2.2所示。

图7.2.2　插入视频

2）添加带有控件的视频文件

controls属性规定浏览器应该为视频提供播放控件。如果设置了该属性,则规定不存在设置的脚本控件。其中,浏览器控件应该包括播放、暂停、定位、音量、全屏切换等。

案例【7.2.3】添加控件视频

```
< ! doctype html >
< html >
< head >
< meta charset = " utf - 8 " >
< title > 添加控件视频 </ title >
</ head >
< body > < video controls = " controls " >  < source src = " 视频/a3. mp4 " >
</ video >
</ body >
</ html >
```

效果如图7.2.3所示。

3）添加循环播放的视频文件

loop属性规定当视频结束后将重新开始播放。如果设置该属性,则视频将循环播放。

图 7.2.3 添加控件视频

案例【7.2.4】循环播放视频

```
<! doctype html >
< html >
< head >
< meta charset = " utf - 8 " >
< title > 循环播放视频 </ title >
</ head >
< body >
    < video controls = " controls "    loop = " loop " >
    < source src = "视频/a5. mp4 " >
</ video >
</ body >
</ html >
```

效果如图 7.2.4 所示。

4) 添加预播放的视频文件

preload 属性规定是否在页面加载后载入视频。如果设置了 autoplay 属性,则忽略该属性。preload 属性的值可能有三种,分别说明如下:

auto:当页面加载后载入整个视频。

meta:当页面加载后只载入元数据。

none:当页面加载后不载入视频。

案例【7.2.5】预播放视频

```
<! doctype html >
< html >
```

图 7.2.4　循环播放视频

< head >

< meta charset = " utf − 8 " >

< title > 预播放视频 </ title >

</ head >

< body >

< video controls = " controls "　preload = " auto " >

　< source src = "视频/a6. mp4 " >

</ video >

</ body >

</ html >

效果如图 7.2.5 所示。

图 7.2.5　预播放视频

5）设置视频的宽度与高度

使用 height 和 width 属性可以设置视频文件的显示高度与宽度，单位是像素。

案例【7.2.6】视频宽高设置

```
<! doctype html >
<html >
<head >
<meta charset = "utf – 8 ">
<title > 视频宽高设置 </title >
</head >
<body >
    <video controls = "controls" width = "300"  height = "240">
        <source src = "视频/a7. mp4">
</video >
</body >
</html >
```

效果如图 7.2.6 所示。

图 7.2.6　视频宽高设置

注意：如果设置这些属性，在页面加载时会为视频提示预留出空间。如果没有设置这些属性，浏览器就无法为视频保留合适的空间，并且在页面加载的过程中，其布局也会产生变化。不能通过 height 和 width 属性来缩放视频。通过 height 和 width 属性来缩小视频，用户仍会下载原始的视频（即使在页面上它看起来较小）。正确的方法是在网页上使用该视频前，用软件对视频进行压缩。

【课程育人】

案例引入与在网页中插入视频的学习总结如下：

1.通过插入"神舟十二号载人飞船"视频的学习,培养热爱科学、热爱国家的民族自豪感。

2.通过"神舟十二号航天人故事"视频的学习,培养向科学高峰攀登,立志学好专业知识,为国家建设添砖加瓦的奋斗精神。

【课堂互动】

1.video 标签主要是定义播放视频文件或者视频流的标准。它支持 3 种视频格式,分别为(　　)。(多选)

　　A. Ogg　　　　　　　B. WebM　　　　　　　C. Mpeg 4　　　　　　D. WAV

2.下列属于 video 属性的属性值有(　　)。(多选)

　　A. Preload　　　　　B. Width　　　　　　　C. Poster　　　　　　D. Controls

3.Controls 属性规定浏览器应该为视频提供播放控件。如果设置了该属性,则浏览器控件包括(　　)。(多选)

　　A. 播放　　　　　　　B. 暂停　　　　　　　C. 音量　　　　　　　D. 全屏切换

任务7.3　项目实施:在起点图书网站的子页中插入视频与音频

①导入课程资料,将视频、音频资料移到起点图书网站文件夹内。

②在 DW CC 中打开起点图书网站首页(index. html)。

③插入音频文件:

```
< audio    autoplay = " autoplay " controls = " true " loop = 4 >
< source    src = "音频/a3. ogg " type = " audio/ogg " >
</ audio >
< a href = "音频/a3. mp3 " > a2 </ a > </body >
```

④插入视频文件:

```
< video controls = " controls " autoplay = " autoplay " >
< source Src = "视频/a5. mp4 " >
</ video >
```

⑤按 F12 键预览看效果。

技能训练

1.在杏仁网站首页中插入背景音乐与宣传视频。

2. 导入课程案例,将视频、音频资料移到杏仁网站文件夹内。

3. 在 DW CC 中打开杏仁网站首页(index. html)。

4. 插入音频文件。

5. 插入视频文件。

6. 按 F12 键预览看效果。

模块 8　应用 CSS 样式基础

CSS 又称层叠样式表（Cascading Style Sheets），是一种用来表现 HTML 或 XML 等文件样式的计算机语言。CSS 主要用来修饰网页各元素的格式，不仅可以静态地修饰网页，还可以配合各种脚本语言动态地对网页各元素进行格式化。

【学习目标】

知识目标：

1. 了解 CSS3 基础知识；

2. 掌握使用 CSS3 字体属性；

3. 掌握使用 CSS3 文本属性；

4. 掌握应用 CSS3 设置图书网网页样式。

技能目标：

1. 能使用 CSS3 文本属性；

2. 能应用 CSS3 设置图书网网页样式。

素质目标：

1. 通过对使用 CSS3 字体、文本属性学习，培养刻苦钻研、细心、耐心的优良品德；

2. 通过对使用 CSS3 设置图书网网页样式学习，培养学生不畏艰难、执着、顽强、拼搏的学习精神。

任务 8.1　CSS3 基础知识

【案例引入】

从文明之火初燃的那一刻起，数学就与人类相伴。芝加哥科学技术博物馆列出了 88 位古今数学伟人，华罗庚就位列其中。1910 年 11 月 12 日，华罗庚生于江苏省金坛县。他家境贫穷，决心努力学习。全身心地钻到数学里攻克数学难题成了他最大的乐趣。为了抽出时间学习，他经常早起点着油灯看书。伏天，他在蚊子嗡嗡叫的小店里学习；严冬，他常常把砚台放在脚炉上，一边磨墨一边用毛笔蘸着墨汁做习题。每逢年节，也埋头在家里读书。华罗庚 19 岁那年，染上了极其可怕的伤寒病，从此因病左腿残疾。在逆境中，他顽强地与命运抗争，1930 年，华罗庚在《科学》杂志上发表了一篇论文《苏家驹之代数的五次方程式解法不能成立的理由》，被清华大学数学系主任熊庆来教授请到清华大学学习和工作。华罗庚在清华大学的 4 年中，在数论方面发表了十几篇论文，自修了英、法、德语。25

岁时,他已成为蜚声国际的青年学者。1936 年,华罗庚 26 岁,由清华保送到英国留学,就读于著名的剑桥大学。他提出的一个理论被数学界称为"华氏定理",改进了哈代的结论,华罗庚被认为是"剑桥的光荣"! 关于"他利问题""奇数的哥德巴赫问题"写了 18 篇论文,先后发表在英、苏、印度、法、德等国的杂志上,其中包括《论高斯的完整三角和估计问题》这篇著名的论文。1938 年,抗日战争正进行得如火如荼,他毅然放弃在英国的一切回到祖国,到西南联大与同胞们共患难。他把自己毕生的精力投入到祖国发展的科学事业特别是数学研究事业之中。他一生为我们留下了 200 余篇学术论文,10 部专著,其中 8 部在国外翻译出版,有些已列入本世纪数学经典著作,撰写了 10 余部科普作品。他的名字已载入国际著名科学家的史册。他是中国科学界的骄傲,是中华民族的骄傲。

【案例分析】

CSS 样式的编写以 HTML 语言为基础,与数学有异曲同工之处,都需要投入巨大的精力,希望同学们能够学习华罗庚严谨务实的治学态度,刻苦钻研、细心、耐心的优良品德,顽强、拼搏的精神。

【主要知识点】

8.1.1 CSS3 简介

1)CSS3 概念

微课 8.1 CSS3 基础知识

CSS(Cascading Style Sheet) 又叫层叠样式表,是对 HTML 标记的内容进行更加丰富的装饰,并将网页表现样式与网页结构分离的一种样式设计语言。可以使用 CSS 控制 HTM 页面中的文本内容、图片外形以及版面布局等外观的显示样式。CSS3 样式是 CSS2.0 的升级版,只需要短短几行代码就可以实现以前需要使用图片和脚本才能实现的效果,比如圆角、图片边框、文字阴影和盒阴影等。CSS3 不仅能简化前端开发工作人员的设计过程,还能加快页面载入速度。绝大多数浏览器对 CSS3 都有很好的支持,但各个浏览器对 CSS3 很多细节的处理上存在差异。现在的网页制作迎来的是 HTML5 + CSS3 时代,这两者相辅相成,使互联网进入一个崭新的时代。

2)CSS3 样式的功能

CSS3 样式的功能,一般可以归纳为以下几点:

①能够灵活控制网页中文本的字体、大小、颜色、间距、格式及位置。

②能够为网页中的元素(如表格、图片、文字块等)设置各种效果的边框。

③能够为网页中的元素设置不同的背景颜色、背景图像及平铺方式。

④能够控制网页中各元素的位置,使元素浮动在网页中。

⑤能够与 JS 等脚本语言结合使用,使网页中的元素产生各种动态效果。

8.1.2 CSS3 文件的编辑和浏览

CSS3 文件与 HTML 文件一样,都是纯文本文件,因此一般的文字处理软件都可以对 CSS3 进行编辑。记事本和 UltraEdit 等最常用的文本编辑工具对 CSS3 的初学者都很有帮助。

Dreamweaver CC 代码模式下同样对 CSS3 代码有着非常好的语法着色以及代码提示功能,对 CSS3 的学习很有帮助。

1)手工编写 CSS3 文件

使用记事本编写 CSS3 文件的具体步骤操作如下:

①单击 Windows 桌面上的"开始"按钮,选择"所有程序"→"附件"→"记事本"命令,打开一个记事本,在记事本中输入以下 HTML 代码。

案例【8.1.1】手工编写 CSS3 文件

```
<!doctype html>
<html>
<head>
<title>手工编写 CSS3</title>
</head>
<body>
<p>漠漠轻阴晚自开,青天白日映楼台。<br>曲江水满花千树,有底忙时不肯来。<br>这首诗使用 CSS 进行了修饰。</p>
</body>
<hmtl>
```

②添加 CSS 代码,修饰 HTML 元素,在 <Head></Head> 标记中间添加一对 <style></style> CSS 样式标记,在 style 标记中间对样式进行设定,就能对页面内容起到修饰作用。

```
<!doctype html>
<html>
<head>
<title>手工编写 CSS3</title>
<style type="text/css">
p{text-align:center;color:blue;}
</style>
</head>
<body>
<p>漠漠轻阴晚自开,青天白日映楼台。<br>曲江水满花千树,有底忙时不肯来。<br>这首诗使用 CSS 进行了修饰。</p>
</body>
<hmtl>
```

③单击"保存"按钮,保存文件。按 F12 键在浏览器中预览,效果如图 8.1.1 所示。

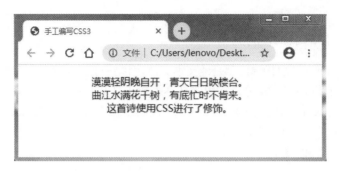

图 8.1.1　手工编写 CSS3

2）用 DreamWeaver CC 编写 CSS3 文件

在 DreamWeaver CC 中,可以用两种方式创建 CSS 样式表,一种是利用"CSS 设计器",在可视化操作环境中进行创建;一种是在"代码"视图中直接编写相关代码,可以任选一种进行操作。

①利用"CSS 设计器"创建、编辑 CSS 样式文件。

启动 DreamWeaver CC 进入操作界面,单击菜单栏"窗口"里的"CSS 设计器",CSS 设计器出现在右侧的命令面板上;单击【添加 CSS 源】按钮,弹出的菜单中分别有"创建新的 CSS 文件""附加现有的 CSS 文件""在页面中定义"。

单击"源"中的< style >,接着单击选择器的"＋"添加按钮,添加 CSS 样式,在跳出"添加 CSS 样式"窗口输入样式文件名,即可创建样式文件,如图 8.1.2 所示。同时,创建的样式文件名出现在 CSS 设计器面板里面"源"的下面,利用其下面的选择器可以新建各种样式。选择所建的样式名,点选下面的属性,去掉显示集前面的钩,就可以设置该样式的各种属性。效果如图 8.1.3 所示。

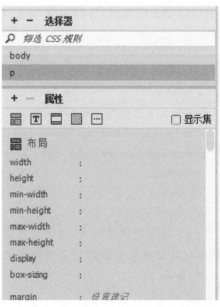

图 8.1.2　创建新的 CSS 文件　　　　图 8.1.3　新建样式文件后的 CSS 设计器

②在 DreamWeaver CC 中的"代码"视图中创建、编辑 CSS 样式文件。启动 Dream-Weaver CC 进入操作界面,选代码视图,进行代码编写,如图 8.1.4 所示。

图 8.1.4 在 DW CC 中的"代码"视图中编写代码

注意:本书以后所有涉及 CSS 样式的案例都可以用这两种编写 CSS 样式的方法来进行(后面不再进行提醒)。

8.1.3 CSS3 语法

1)CSS3 规则

CSS 格式规则由两部分组成:选择器和声明(为包含多个声明的代码块,是选择器的属性和值)。选择器是标识已设置格式元素的术语(如 p、h1、类名称或 ID),而声明块则用于定义样式属性。在下面的示例中,p 是选择器,样式声明写在一对大括号"{}"中;color 和 background 都是"属性",不同属性之间用";"分隔。"#ff0000"和"#000000"是属性的值。

p{color:#ff0000; background:#000000;}

案例【8.1.2】CSS 选择器

<!doctype html>

<html>

<head>

<meta charset="utf-8">

<title>CSS 选择器</title>

<style>P{color:#ff0000; background:#000000;}

</style>

</head>

<body>

<p class ="p">

  <h4> 白鹿洞二首·其一
</h4>

    唐·王贞白<
br>

读书不觉已春深,一寸光阴一寸金。

不是道人来引笑,周情孔思正追寻。

</p>

</body>

</html>

图 8.1.5　CSS 选择器

效果如图 8.1.5 所示。

2)选择器的分组

可以对选择器进行分组,这样,被分组的选择器就可以分享相同的声明。用逗号将需要分组的选择器分开。(有助于优化样式表,提高效率)

案例【8.1.3】选择器分组

<!doctype html>

<html>

<head>

<meta charset ="utf-8">

<title>选择器分组</title>

<style>

　　h1,h2,h3 { color: green; }

</style>

</head>

<body>

<p class ="h1,h2,h3">

   <h1> 白鹿洞二首·其一</h1>

    <h4>唐·王贞白</h4>

<h3>读书不觉已春深,一寸光阴一寸金。</h3>

<h3>不是道人来引笑,周情孔思正追寻。</h3>

</p>

</body>

</html>

在此案例中,我们将

h1{color：green；}

h2{color：green；}

h3{color：green；}

写成了：h1，h2，h3{color：green；}，效果如图8.1.6所示。

3）CSS的继承问题

一般CSS子元素从父元素继承属性，如：body{font-family：Verdana，sans-serif；}

根据上面这条规则，站点的body元素将使用Verdana字体通过CSS继承，子元素将继承最高级元素（在本例中是body）所拥有的属性（这些子元素诸如p，td，ul，ol，ul，li，dl，dt和dd），如果你不

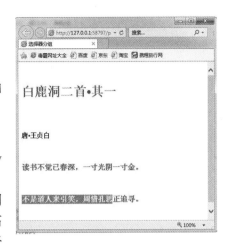

图8.1.6　选择器分组

希望"Verdana，sans-serif"字体被所有的子元素继承，又该怎么做呢？比方说，你希望段落的字体是Times。

我们可以这样写：p{font-family：Times，"Times New Roman"，serif；}

4）CSS样式的优先级

当同一个HTML元素被不止一个样式定义时，会使用哪个样式呢？这就要知道CSS样式的优先级别了。

CSS样式的优先级顺序由高到低排列如下：

！important > 行内样式 > ID选择器 > 类选择器 > 标签 > 通配符 > 继承 > 浏览器默认样式。

8.1.4　CSS3的常用选择器

选择器（Selecter）也被称为选择符，所有HTML5语言中的标记都是通过不同的CSS3选择器进行控制的。选择器不只是HTML5文档中的元素标记，它还可以是类、ID或元素的某种状态。根据CSS选择符的用途，可以把选择器分为标签选择器、类选择器、全局选择器、ID选择器和伪类选择器等。

1）标签选择器

选择器的名字代表html页面上的标签，是针对一类标签起作用，选择的是页面上所有这种类型的标签，所以经常描述"共性"，无法描述某一个元素的"个性"，如P选择器的声明将会对页面上的所有段落起作用。所有的标签都可以是选择器，比如ul、li、label、dt、dl、input、div等。

案例【8.1.4】标签选择器的使用

< ! doctype html >

< html >

< head >

< title > 标签选择器 </title >

< style >

p{color:blue;font - size:20px;}

</style >

</head >

< body >

<p > 此处使用标签选择器控制段落样式

</p >

</body >

</html >

效果如图8.1.7所示。

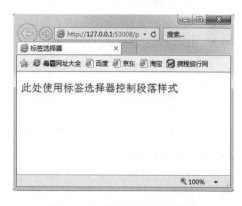

图8.1.7　标签选择器的使用

2)id 选择器

id 选择器针对某一个特定的标签使用,为标有特定 id 的 HTML 元素指定特定的样式,只能使用一次。id 选择器以"#"来定义。

案例【8.1.5】id 选择器的使用

<！DOCTYPE html >

< html >

< head >

< title >ID 选择器 </title >

< style >

#font1{

　　color:green;

　　font-weight:bold;}

#font2{

　　color:red;

　　font-size:22px;}

</style >

</head >

< body >

< h3 id = font2 > 学 习 ID 选 择 器 </h3 >

< p id = font2 > 此 处 使 用 ID 选 择 器 aa 控制段落样式 </p >

< p id = font1 > 此 处 使 用 ID 选 择 器 bb 控制段落样式 </p >

</body >

</html >

效果如图8.1.8所示。

图8.1.8　id 选择器的使用

3）类选择器

类选择器使用"."（英文点号）进行标识。类选择器允许以一种独立于文档元素的方式来指定样式。该选择器可以单独使用,也可以与其他元素结合使用。同一个页面允许多次用到类选择器,用 class 定义后面紧跟类名即可,其基本语法格式如下:

.类名{属性1:属性值1;属性2:属性值2;属性3:属性值3;}

标签调用的时候用 class ="类名"　即可。

注意:类名的第一个字符不能使用数字。

案例【8.1.6】类选择器的使用

```
<! DOCTYPE html >
<html >
<head > <title >类选择器的使用 </title >
<style >
.a1{ color:green;
     font-size:20px;}
.b1{ color:blue;
     font-size:22px;}
</style > </head >
<body >
<h3 class =b1 >类选择器的使用 </h3 >
<p class ="a1" >类选择器 a1 控制段落样式 </p >
<p class ="b1" >类选择器 b1 控制段落样式 </p >
</body >
</html >
```

效果如图8.1.9所示。

图8.1.9　类选择器的使用

8.1.5　在网页中加入 CSS

一般可以使用四种方法将样式表加入网页中,每种方法都有其不同的优点。

1）将样式表加入 HTML 文件行中

如果要指定网页内的某一小段文字的显示风格,可以直接在 HTML 代码行中加入样式规则,但利用这种方法定义样式时,效果只可以控制该标签,其语法如下:

<标签名称 style ="样式属性:属性值;样式属性:属性值..." >

例: <p style ="align:left;color: #EF0E4D; background: #A8D0F5" >网页设计与制作 </p >

2）将样式表嵌入 HTML 文件的文档头中

在文档头嵌入样式表规则，浏览器在整个 HTML 网页中都执行该规则。如果想对网页一次性加入样式表，就可采用该方法。

这种方法就是将所有的样式表信息都列于 HTML 文档的头部，基本语法如下：

```
< html >
< head >
< style type = " text/css " >
< !  --
选择符 1{样式属性:属性值;样式属性:属性值;...}
选择符 2{样式属性:属性值;样式属性:属性值;...}
……
选择符 n{样式属性:属性值;样式属性:属性值;...}
-->
</style >
</head >
< body >...</body >
</html >
```

说明：

①< style >标签用来说明所要定义的样式。type 属性是指定< style >标签以 CSS 的语法定义。

②样式表基本格式中的 type = " text/css "用于说明这是一段 CSS 规则代码。

③为了防止不支持 CSS 的浏览器将< style >…</style >标签间的 CSS 规则当成普通字符串而显示在网页上，应将 CSS 的规则代码插入< ! --和-->标签之间。

④选择符 1 至选择符 n：选择符就是样式的名称，选择符可以使用 HTML 标签的名称，所有 HTML 标签都可以作为 CSS 选择符。

⑤样式属性：定义样式的属性名称。

3）将一个外部样式表链接到 HTML 文件上

如果想要达到集中管理网站网页样式的目的，就必须将样式定义在独立的 CSS 文件中，并将该文件链接或输入要运用样式的 HTML 文件。这种方法可将多个 HTML 文件都链接到一个样式表文件中，这个外部的样式表将设定所有网页的规则。如果改变样式表文件中的某一个细节，所有网页都会随之改变。

它的使用方法是：创建一个普通的网页，但不使用< style >规则，而是在 HTML 文档头部使用< link >标签。

基本语法如下：

```
< head >
< title >...</title >
```

＜link Rel＝stylesheet href＝"＊.css" type＝"text/css"＞

＜/head＞

说明：

①＊.css 为预先编写好的样式表文件。

②外部样式表文件中不能含有任何像＜head＞或＜style＞这样的 HTML 标签。样式表仅仅由样式表规则或声明组成。

③在 href 属性中可以使用绝对 URL 或者相对 URL。

④外部样式表文件中，可不使用注释标签。

⑤如同发布 HTML 文件那样将这个 CSS 文件发布到服务器中。网页被打开时，浏览器将依照链接标签将含有链接外部样式表文件的 HTML 网页按照样式表规则显示。

4）将一个外部样式表输入 HTML 文件

输入样式表的方法同链接到外部样式表文件类似。其语法如下：

＜style type＝"text/css"＞

＜！—

@ import url(外部样式表的文件名称)；

@ import url("css/dress.css")；

--＞

说明：

①import 语句后的"；"号是必要的。

②样式表文件的扩展名为.css。

以上四种方法，可分成内部样式表（前两者）及外部样式表（后两者）两类。当这四种方法同时出现时，浏览器会以哪种方法为优先使用呢？答案是在行内直接加入样式的顺序为最高，其他三种方法的顺序则是一样的。如果其他三种方法同时出现，且各方法定义的样式又都不同时，浏览会选择较后定义的样式来显示。

【课程育人】

通过对案例引入与 CSS 样式基础知识，包括 CSS 样式类型、CSS 选择器、CSS 在网页中的应用等知识点的融合学习，我们注意到 CSS 样式类型、CSS 选择器、CSS 在网页中的应用等 CSS 样式基础知识是以 HTML 语言为基础，在编写时也需要与华罗庚研究数学一样投入巨大的精力。努力学习，细心严谨，踏踏实实，为制作精美的网页打好扎实的基础。

【课堂互动】

1. CSS 的全称和中文译作(　　)。

    A. cading style sheet, 层叠样式表　　　　B. cascading style sheet, 层次样式表

    C. cascading style sheet, 层叠样式表　　　　D. cading style sheet, 层次样式表

2. 下面说法错误的是( )。

    A. CSS 样式表可以将格式和结构分离

    B. CSS 样式表可以控制页面的布局

    C. CSS 样式表可以使许多网页同时更新

    D. CSS 样式表不能制作体积更小下载更快的网页

3. CSS 样式表不可能实现( )功能。

    A. 将格式和结构分离   B. 一个 CSS 文件控制多个网页

    C. 控制图片的精确位置   D. 兼容所有的浏览器

4. 下面不属于 CSS 插入形式的是( )。

    A. 索引式   B. 内联式   C. 嵌入式   D. 外部式

任务8.2　CSS3 字体属性

【案例引入】

    1929 年,19 岁的华罗庚染上了可怕的伤寒病,这场长达半年之久的病造成了他左腿终身残疾,走路时,要左腿先画一个大圆圈,右腿再迈上一小步。而对于这种奇特而费力的步履,他曾幽默地戏称为"圆与切线的运动"。此时的华罗庚并没有向命运屈服,他发誓要用健全的头脑,代替不健全的双腿! 他慢慢开始在杂志上投稿。起初,由于他写的问题基本都已被国外一些专家证明过了,因此,他的稿件屡屡被拒。不过,这使华罗庚增添了信心,因为这些问题都是他自己钻研出来的,并没有看过别人的解题方法。后来,他终于有机会在上海《科学》杂志上发表文章。就在 1930 年的某一天,清华大学数学系主任熊庆来在办公室看《科学》杂志的时候,发现一篇名为《苏家驹之代数的五次方程式解法不能成立的理由》的文章。看着看着,不禁拍案叫绝:这个华罗庚是哪国留学生? 周围的人摇摇头。熊庆来继续问:他是在哪个大学教书的? 大家面面相觑。最后还是一位江苏籍的教员想了好一会儿,才慢吞吞地说:我弟弟有个同乡叫华罗庚,他哪里教过什么大学啊! 他只念过初中,听说是在金坛中学当事务员。熊庆来不禁惊叹:一个初中毕业的人,能写出如此高深的数学论文,必是奇才。他当即做出决定,要将华罗庚请到清华大学来,并且打破常规,让华罗庚在清华大学图书馆当馆员。这时,华罗庚只有 21 岁,他终于离开了杂货店的"暗室",来到了北京的清华大学。从此,华罗庚的人生开启了"开挂"模式!

【案例分析】

    19 岁的华罗庚在身染疾病、左腿残疾的情况下,没有向命运屈服,用健全的头脑代替不健全的双腿。痴迷于钻研攻克数学难题,取得巨大成功,获得清华大学数学系主任熊庆来的关注,被他的才华所折服,而将华罗庚请到清华大学图书馆当馆员。只有 21 岁的他,从杂货店的"暗室"到了北京的清华大学。有的同学认为自己进了高职大专,毕业后就只能做流水线工人,社会地位低,甚至有的同学自暴自弃,上课玩手机、睡觉、逃课。我们要学习华罗庚不向命运屈服、乐观向上、刻苦钻研的精神,提高自己的文化素质与专业技能知识,一定会取得成功。只要是金子,不管到哪儿都会闪闪发光。

【主要知识点】

字体属性主要包括字体综合设置、字体类型、字体大小、字体风格、字体加粗、字体英文大小写转换等,如图8.2.1所示。字体属性的具体作用如表8.2.1所示。

图 8.2.1 CSS 字体属性

表 8.2.1 CSS 字体属性的具体作用

字体属性	说明
font	设置或者检索对象中文本特性的复合属性
font-family	一个指定的字体名或者一个种类的字体族科
font-size	字体显示的大小
font-style	以3个方式中的一个来显示字体:normal(普通),italic(斜体)或者oblique(倾斜)
font-weight	使字体加粗或者变细
font-variant	设置英文大小写转换

8.2.1 字体复合属性

语法:

font :font-style ‖ font-variant ‖ font-weight ‖ font-size ‖ line-height ‖ font-family

该属性是复合属性。声明方式中的参数必须按照如上的排列顺序。每个参数仅允许有一个值,没有值的将使用其参数对应的独立属性默认值。

1)font-family 指定字体

语法:

font-family:字体1,字体2,字体3……

可以设置多种字体。按优先顺序排列,以逗号隔开。如果字体名称包含空格,则应使用引号括起。当浏览器找不到第一种字体,将使用第二种字体替代,以此类推。

2)font-size 设定字号

语法:

font-size:<absolute-size> | <relative-size>

<absolute-size>:指的是绝对长度。使用时应谨慎地考虑到其在不同浏览器上浏览时可能出现的不同效果。对于一个用户来说,绝对长度的字体有可能会很大或者很小,如 xx-small | x-small | small | medium | large | x-large | xx-large 等。

<relative-size>:指的是相对长度,一般使用百分比实现,其百分比取值是基于父对象中字体的尺寸。

8.2.2 字体样式

1)font-style 设定样式

语法:

font-style:normal | italic | oblique

normal:正常值。

italic:斜体。

oblique:偏斜体。

2)font-weight 设定字体粗细

语法:

font-weight:normal | bold | bolder | lighter | 100-800

字体粗细属性值如表 8.2.2 所示。

表 8.2.2　font-weight 字体粗细属性值

字体粗细属性值	说明
normal	正常值
bold	粗体,字体粗细约为 700
bolder	粗体再加粗,字体粗细约为 900
lighter	比默认字体还细
100—900	有 100 至 900 九个级别,数字越小字体越细,数字越大字体越粗

案例【8.2.1】文本字体粗细样式

<!doctype html>

<html>

<head>

　　<meta charset="utf-8">

```
<title>文本字体粗细样式</title>
<style type="text/css">
<!--
h1{font-family:"黑体";font-size:xx-large;font-style:italic;font-weight:bolder}
p{font-family:"宋体","楷体_GB2312";font-size:120%;font-style:oblique;font-weight:200}
-->
</style>
</head>
<body>
    <h1>《游子吟》</h1><br>
    【唐】孟郊<br>
<p>慈母手中线，游子身上衣。<br>
临行密密缝，意恐迟迟归。<br>
谁言寸草心，报得三春晖。<br></p>
</body>
</html>
```

效果如图8.2.2所示。

图8.2.2 文本字体粗细样式

【课程育人】

案例引入与字体CSS属性的学习,总结如下:

1. 字体CSS属性的应用与数学的研究有类似之处,都需要刻苦钻研、严谨务实的学习态度,只有付出,才有收获。

2. 华罗庚在身染疾病、左腿残疾、辍学的情况下,没有向命运屈服,痴迷于钻研攻克数学难题,取得巨大成功。高职院校的同学们要学习他这种精神,只要努力刻苦学习,提高自己的文化素质与专业技能知识,一定会取得成功。金子不管到哪儿都会闪闪发光。

【课堂互动】

1. 下列哪些操作可以定义一个外部的CSS样式表文件? (   )(多选)

 A. 在创建新样式时,"定义在"选项处选择新建样式表文件

 B. 在文档内定义完CSS样式之后,执行命令"修改/CSS样式/导出样式表",将样式表导出为一个外部文件

 C. 在文档内定义完CSS样式之后,执行命令"文本/CSS样式/导出样式表",将样式表导出为一个外部文件

 D. 在文档内定义完CSS样式之后,单击CSS样式面板右上方的快捷菜单按钮

2.如果要使一个网站的风格统一并便于更新,在使用 CSS 文件的时候,最好是使用(   )。

  A.外部链接样式表   B.内嵌式样式表

  C.局部应用样式表   D.以上三种都一样

3.下列对 CSS 分类属性中空白属性表述有误的是哪一项?(   )。

  A.空白属性将决定如何处理元素内的空格

  B.语法:white-space:<值>

  C.适用于:所有元素

  D.向下兼容:是

任务8.3 设置 CSS3 文本属性

【案例引入】

  华罗庚家境贫寒,初中未毕业便辍学在家。他对数学产生了强烈的兴趣,辍学之后,更用功读书。可怜的是,他只有一本《大代数》,一本《解析几何》及一本从老师那儿借来摘抄的 50 页微积分。

  为了抽出时间学习,他经常早起。隔壁邻居早起磨豆腐的时候,华罗庚已经点着油灯在看书了。伏天,他很少到外面去乘凉,而是在蚊子嗡嗡叫的小店里学习。严冬,他常常把砚台放在脚炉上,一边磨墨一边用毛笔蘸着墨汁做习题。每逢年节,华罗庚也不去亲戚家里串门,埋头在家里读书。大家给他起了个绰号,叫"罗呆子"。

  他的志气与行径,几乎没有人能够理解。世界上的事情往往就是这样的,阻力越大,反阻力也越大;困难越多,克服困难的决心也越坚。他养成了早起、善于利用零碎时间、善于心算、勤于动手、勤于独立思考的习惯。这种习惯一直保持到他的晚年。

【案例分析】

  华罗庚从小家境贫寒,初中未毕业便辍学在家。他凭着对数学的兴趣,用功读书,寒冬酷暑,逢年过节,除了工作,就是在自学,正是靠着他的决心与毅力,最终实现了自己的报负,成为国际上著名的数学家。当编写 CSS 文本属性代码,觉得枯燥乏味时,要学习华罗庚在艰苦的环境自学数学的决心与毅力,养成勤于动手、独立思考的好习惯。

【主要知识点】

  CSS3 文本属性主要包括字母间隔、文字修饰、文本排列、行高、文字大小写等,如图 8.3.1 所示。

微课 8.1 CSS3 文本属性

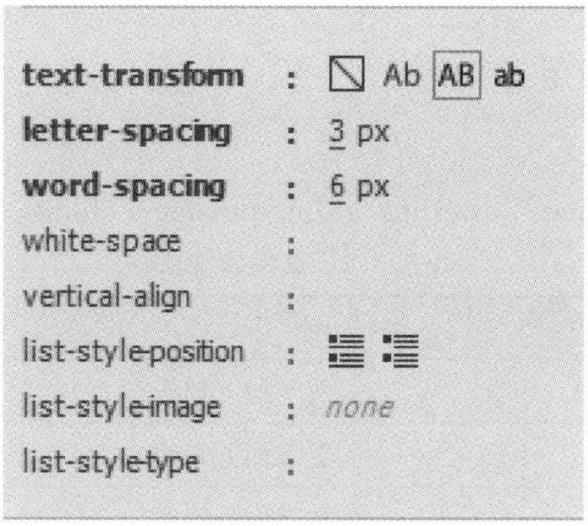

图 8.3.1 文本属性设置

表 8.3.1 **文本属性说明**

文本属性	说明
letter-spacing	定义一个附加在字符之间的间隔数量
word-spacing	定义一个附加在单词之间的间隔数量
text-decoration	有 5 个文本修饰属性,选择其中之一来修饰文本
text-align	设置文本的水平对齐方式,包括左对齐、右对齐、居中、两端对齐
vertical-align	设置文本的垂直对齐方式,包括垂直向上对齐、垂直向下对齐、垂直居中、文字向上对齐、文字向下对齐等
text-indent	文字的首行缩进
line-height	文字基线之间的间隔值
text-transform	控制英文文字大小写

8.3.1 letter-spacing 设定字符间距

语法:

letter-spacing:normal ｜ length

normal:正常值。

length:指定长度,包含长度单位。

8.3.2 word-spacing 设定单词间距

语法:

word-spacing:normal ｜ length

normal:正常值。

length:指定长度,包含长度单位。

8.3.3 text-decoration 设定文字修饰

语法：

text-decoration：underline ｜ overline ｜ line-through ｜ blink ｜ none

表 8.3.2 文字修饰属性

文字修饰属性值	说明
underline	文字加下划线
overline	文字加上划线
line-through	文字加删除线
blink	闪烁文字，只有 Netscape 浏览器支持
none	默认值

8.3.4 text-align 设定横向文字对齐方式

表 8.3.3 文字对齐方式

横向文字对齐方式属性值	说明
left	居左对齐
right	居右对齐
center	居中对齐
justify	两端对齐

语法：

text-align：left ｜ right ｜ center ｜ justity

8.3.5 vertical-align 设定纵向文字对齐方式

语法：

vertical-align：super ｜ sub ｜ top ｜ middle ｜ bottom ｜ text-top ｜ text-bottom

表 8.3.4 纵向文字对齐方式

纵向文字对齐方式属性值	说明
super	垂直对齐文本的上标
sub	垂直对齐文本的下标
top	垂直向上对齐
middle	垂直居中

续表

纵向文字对齐方式属性值	说明
bottom	垂直向下对齐
text-top	文字向上对齐
text-bottom	文字向下对齐

8.3.6 text-indent 设定文字首行缩进

语法：

text-indent：value

使用 text-indent 属性可以设定页面文字首行缩进。

8.3.7 line-height 设定文字行高

语法：

line-height：value

使用 line-height 属性可以设定页面文字行高。

下面通过具体的 CSS 样式设置文本文字的常用属性。程序代码如下：

案例【8.3.1】设置文本文字样式的常用属性

```
< ! doctype html >
< html >
< head >
    < meta charset = " utf - 8 " >
    < title >设置文本文字样式的常用属性</title >
< style type = " text/css " >
a：link{font-family："黑体"；text-decoration：underline；}
a：visited{font-fa
/head >
< body >  mily："黑体"；text-decoration：
none；}
    a：hover{font-family："楷体_GB2312"；text-
decoration：none；}
    h1{font-family："黑体"；word-spacing：5px；}
    p{font-family："宋体"，"楷体_GB2312"；font-
size：16px；word-spacing：6px；text-transform：up-
percase；text-align：center；text-indent：20px；line-
height：24px；letter-spacing：3px}
```

图 8.3.2 设置文本文字样式的常用属性

```
</style>          <
    <h1 align="center">《鹧鸪天》</h1><br>
      <p>宋代:辛弃疾</p><br>
<p><a href="#">春入平原荠菜花,新耕雨后落群鸦。</a><br>
  <a href="#">多情白发春无奈,晚日青帘酒易赊。</a><br></p>
</body>
</html>
```

效果如图8.3.2所示。

【课程育人】

案例引入与CSS文本样式属性的融合学习,让我们体会到:

1. 编写CSS文本属性代码,觉得枯燥乏味时,要学习华罗庚在艰苦的环境自学数学成才的决心与毅力,培养吃苦耐劳、刻苦钻研、艰苦奋斗的优秀品质。

2. 在学习CSS文本样式,包括字母间隔、文字修饰、文本排列、行高、文字大小写等样式属性时,要多练习案例,多看应用效果,像华罗庚前辈一样养成勤于动手、独立思考的好习惯。

【课堂互动】

1. 要通过CSS设置中文文字的间距,可以通过调整样式表中(   )属性实现。

    A. 文字间距   B. 字母间距   C. 数字间距   D. 无法实现

2. 在CSS语言中,下列哪一项是"文本缩进"的允许值?(   )

    A. auto   B. <背景颜色>

    C. <百分比>   D. <统一资源定位URLs>

3. 在CSS语言中,下列哪一项是"上边框"的语法?(   )

    A. letter-spacing:<值>   B. border-top:<值>

    C. border-top-width:<值>   D. text-transform:<值>

4. 如下所示的这段CSS样式代码,定义的样式效果是怎样的?(   )

a:link{color:#ff0000;}

a:visited{color:#00ff00;}

a:hover{color:#0000ff;}

a:active{color:#000000;}

    A. 默认链接色是绿色,访问过链接是蓝色,鼠标上滚链接是黑色,活动链接是红色

    B. 默认链接色是蓝色,访问过链接是黑色,鼠标上滚链接是红色,活动链接是绿色

    C. 默认链接色是黑色,访问过链接是红色,鼠标上滚链接是绿色,活动链接是

蓝色

D. 默认链接色是红色,访问过链接是绿色,鼠标上滚链接是蓝色,活动链接是黑色

任务8.4 项目实施:设置网页文字样式

8.4.1 创建站点与文件夹

启动程序 DreamWeaver CC,创建站点文件夹"CSS 美化",在该文件夹中创建子文件夹"CSS"与"Image"。创建"index.html"主页文件。效果如图8.4.1所示。

8.4.2 在主页输入文字

图 8.4.1 "CSS 美化"站点

输入以下文字:

杂感

清·黄景仁

仙佛茫茫两未成,只知独夜不平鸣。

风蓬飘尽悲歌气,泥絮沾来薄幸名。

十有九人堪白眼,百无一用是书生。

莫因诗卷愁成谶,春鸟秋虫自作声。

8.4.3 定义网页 CSS 代码

在 DreamWeaver CC 右侧的 CSS 设计器中"添加 CSS 源"在文件夹"CSS"中创建样式文件 index.css。CSS 设计器可以在"窗口"菜单中调出或隐藏。效果如图8.4.2所示。

8.4.4 在 index.css 样式文件中编写样式代码

图 8.4.2 建立 index.css 样式文件

h4 {color:#FD0C0C;}

.hh { color:#2A0AFB;

  font-family:"华文行楷";

  font-size:18px;

  line-height:20px;

  text-align:center;}

网页文字效果如图8.4.3所示。

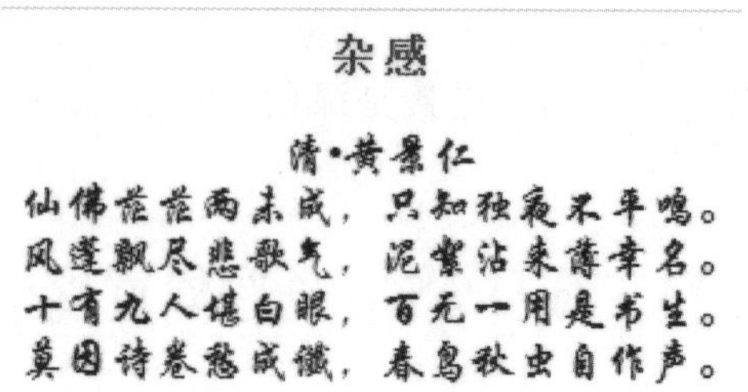

杂感

清·黄景仁

仙佛茫茫两未成，只知独气不平鸣。
风蓬飘尽悲歌气，泥絮沾来薄幸名。
十有九人堪白眼，百无一用是书生。
莫因诗卷愁成谶，春鸟秋虫自作声。

图 8.4.3　CSS 样式代码的应用

技能训练

请创建个人主页，输入个人简介文字，同时将文字修饰成：
1. 蓝色。
2. 宋体，14 号大小。
3. 有下画线。
4. 行距为 18 px。

模块 9　基于 CSS 的网页高级美化

CSS 具有让网页高级美化的功能,如网页背景美化、边框美化、对象列表标记符美化等是网页制作常用的美化方法与技巧。

【学习目标】

知识目标:

1.了解对象背景样式;

2.掌握对象边框样式;

3.掌握控制对象列表标记符样式;

4.掌握网页的美化技能。

技能目标:

1.学会使用控制对象背景样式的能力;

2.掌握控制对象边框样式的能力;

3.掌握控制对象列表标记符样式的能力;

4.掌握网页美化技能的能力。

素质目标:

1.通过对对象背景样式的学习,培养学生与人为善、乐于助人的优良品质;

2.通过对控制对象边框样式的学习,培养学生奋斗不止、乐于奉献的崇高精神;

3.通过对控制对象列表标记符样式的学习,培养学生善于发现学习中的美、给予他人关怀与帮助的情怀;

4.通过学习"项目实施:起点图书网页的美化",培养学生热爱生命、热爱生活的情操。

任务 9.1　控制对象背景样式

【案例引入】

有个病人在寒冷的十一月患上了严重的肺炎,并且其病情越来越重。她将生命的希望寄托在窗外最后一片藤叶上,以为藤叶落下之时,就是她生命结束之时。她失去了活下去的勇气和信念。她的朋友很伤心,便将病人的想法告诉了一个老画家,这个老画家画了近四十年的画,一事无成,每天都说要创作出一篇惊世之作,却始终只是空谈。然而令人惊奇的事发生了,尽管屋外的风刮得那样厉害,而锯齿形的叶子边缘已经枯萎发黄,但它仍然长在高高的藤枝上。病人看到最后一片叶子仍然挂在树上,叶子经受凛冽的寒风依

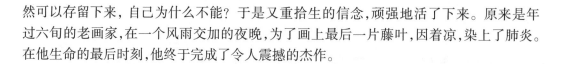

然可以存留下来，自己为什么不能？于是又重拾生的信念，顽强地活了下来。原来是年过六旬的老画家，在一个风雨交加的夜晚，为了画上最后一片藤叶，因着凉，染上了肺炎。在他生命的最后时刻，他终于完成了令人震撼的杰作。

【案例分析】

色彩在网页中应用广泛，尤其在网页的高级美化中，我们要了解色彩的特性，让它在网页设计中达到最好效果。我们要利用色彩的不同表现含义，来体现网页作品的真善美，来挖掘人类情绪与色彩的关联性。案例中的病人已处于生命垂危之际，在绝望之余，她将生命寄托在最后一片即将掉落的枯萎发黄的藤叶上面，她认为藤叶落下之时，就是她生命结束之时。一个老画家为了挽救她的生命，深夜冒雨画上最后一片藤叶，挽救了她的生命，自己却染上肺炎去世了。从这片枯黄色的藤叶上，我们发现了人类的真善美，我们为老画家生命的付出而感动。那么在我们制作网页应用色彩时，也要与人为善，用最好的色彩去启发、引导、帮助那些需要的人，达到释放真善美的最好效果。

【主要知识点】

9.1.1　颜色属性

CSS 的颜色属性允许设计者指定页面元素的颜色，背景属性用于指定页面的背景颜色或者背景图像的属性。

语法：

color:color-value

HTML 语言使用十六进制的 RGB 颜色值对颜色进行控制，即颜色可以通过英文名称或者十六进制来表现。如标准的红色，可以用 RED 作为名称来表现，也可以用#FF0000作为十六进制来表现。

能够使用的预设颜色命名总共有 140 种，常用的有 16 种：Black，Olive，Teal，Red，Blue，Maroon，Navy，Gray，Lime，Fuchsia，White，Green，Purple，Silver，Yellow 和 Aqua（黑、橄榄色、蓝绿色、红色、蓝色、褐色、海军蓝、灰色、橙色、紫红色、白色、绿色、紫色、银色、黄色、水绿色）。

9.1.2　背景属性

background 简写属性在一个声明中设置所有的背景属性，主要属性如下：

1）background-color 设定背景颜色

微课 9.1　CSS3 背景属性

在 CSS 里，backgroud-color 属性表示背景颜色的设置。

语法：

background-color：＜颜色＞｜transparent（透明）

说明：初始值为 transparent（透明）。

案例【9.1.1】background-color **应用**

```
＜! doctype html ＞
＜html ＞
＜head ＞
＜meta charset ="utf-8"＞
＜title ＞ backgroud-color 应用 ＜/title ＞
    ＜style ＞
        p｛background-color：#2110F9；｝
        h2｛background-color：green；｝
        ＜/style ＞
＜/head ＞
＜body ＞
    ＜h2 ＞标题 2 ＜/h2 ＞
    ＜p ＞背景颜色的应用 ＜/p ＞
＜/body ＞
＜/html ＞
```

效果如图 9.1.1 所示。

图 9.1.1　背景属性

2）background-image 设定背景图像

在 CSS 里，可用 background-image 属性来设置网页背景以图片方式显示。

语法：

background-image：none　｜　url（url）｜gradient

none：无背景图。

（1）url（url）属性

该属性使用绝对或相对地址指定背景图像。不仅可以输入本地图像文件的路径和文件名称，也可以用 URL 的形式输入其他位置的图像名称。

注意：页面中可以用 JPG 或者 GIF 图片作为背景图，背景图像放在网页的最底层，文字和图片等都位于其上，与在网页中插入图片的效果是不同的。

案例【9.1.2】background-image **的应用**

```
＜! doctype html ＞
＜html ＞
＜head ＞
＜meta charset ="utf-8"＞
＜title ＞ background-image 的应用 ＜/title ＞
    ＜style ＞#a1｛
background-image：url（hua1.jpg）；
```

width：250px；

height：200px；}

    </style>

</head>

<body>

    <div id="a1"></div>

</body>

</html>

效果如图9.1.2所示。

（2）Gradient 属性

原来的 CSS 版本，要实现背景图像渐变，需用 Photoshop 等图像编辑软件创建一个渐变

图9.1.2　背景图片的应用

图形，然后使用 background-image 属性把渐变图形放在元素的背景中。DreamWeaver CC 中，CSS 支持渐变背景，渐变也使用常规的 background-image 属性创建。

（3）linear-gradient 线性渐变

background-image：linear-gradient（角度，颜色）；

线性渐变是最基本的渐变类型。这种渐变在一条直线上从一个颜色过渡到另一个颜色。这条直线的方向由角度指定，或者在关键字 to 后面加上 top、bottom、right、left 中的某一个关键字或多个关键字。

案例【9.1.3】背景图像线性渐变应用

<! doctype html>

<html>

<head>

<meta charset="utf-8">

<title>背景图像线性渐变应用</title>

    <style>

    #a1{height:250px；

width:250px；

background-image： linear-gradient （red，yellow，blue）；}

    </style>

    </head>

    <body>

    <div id="a1"></div>

    </body>

    </html>

效果如图9.1.3所示。

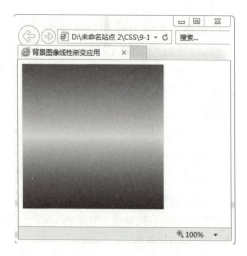

图9.1.3　背景图像线性渐变应用

3)背景图片的位置属性

通过背景图片的位置属性 background-position 可以改变背景图片的最初位置。

语法：

background-position：<百分比>｜<长度>｜<关键字>

说明：

①以百分比方法设置 background-position 属性的语法如下：

background-position：x%　y%

其中 x%代表设置图片的水平位置；y%代表图片的垂直位置。初始值为 0%　0%。

案例【9.1.4】背景图片的位置属性

```
< ! doctype html >
< html >
< head >
< meta charset = " utf – 8 " >
< title > 背景图片的位置属性 </title >
    < style >
    #a1｛height：250px；
width：250px；
background-image：url( DSC01. JPG)；
background-position：80%  70% ；｝
    </ style >
</ head >
< body >
    < div id = " a1 " > </ div >
</ body >
</ html >
```

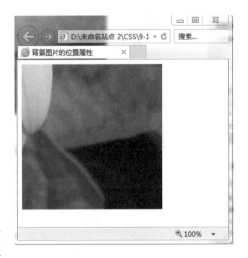

此段代码表示背景图片的水平位置为80%，垂直位置为70%。效果如图 9.1.4 所示。

图9.1.4　背景图片的位置属性

②以长度单位设置 background-position 属性的语法如下：

background-position：x　y

使用长度单位可以对背景图片的位置作出更精确的控制，可以设定水平和垂直定位起点。如：

#a2｛background-image：url(DSC01. JPG)；

　　background-position：30px 50px；｝

表示从左起 30 px、垂直 50 px 的位置开始显示图像。

③以关键字设置 background-position 属性的语法如下：

background-position： [top | center | bottom] || [left | center | right]

（注：| 表示或的意思，|| 表示二者同时使用，[ ] 表示可搭配使用）

表 9.1.1　background-position 属性关键字方法的参数值

参数值	说　　明
top	顶部对齐（图片的垂直位置为 0%）
bottom	底部对齐（图片的垂直位置为 100%）
left	左边对齐（图片的水平位置为 0%）
right	右边对齐（图片的水平位置为 100%）
center	图片的垂直与水平位置均为 50%

案例【9.1.5】背景图片的位置属性关键字应用

```
<!doctype html>
<html>
<head>
<meta charset = "utf-8">
<title>背景图片的位置属性关键字应用</title>
    <style>
    #a1{
height:250px;
width:250px;
background-image:url(DSC01.JPG);
background-position:right bottom;}
    </style>
</head>
<body>
    <div id = "a1"></div>
</body>
</html>
```

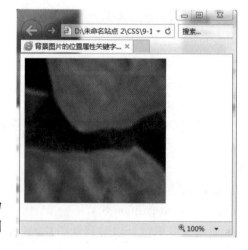

图 9.1.5　背景图片的位置属性关键字应用

此案例代码表示背景图片的水平位置为 100%，垂直位置为 100%。位置开始显示图像。效果如图 9.1.5 所示。

4）background-size 属性

background-size 属性规定背景图像的尺寸。

语法：

background-size：length | percentage | cover | contain；

表9.1.2　background-size 属性

值	描述
length	设置背景图片高度和宽度。第一个值设置宽度,第二个值设置高度。如果只给出一个值,第二个值设置为 auto(自动)
percentage	将计算相对于背景定位区域的百分比。第一个值设置宽度,第二个值设置高度。如果只给出一个值,第二个值设置为"auto(自动)"
cover	此时会保持图像的纵横比并将图像缩放成将完全覆盖背景定位区域的最小大小。
contain	此时会保持图像的纵横比并将图像缩放成将适合背景定位区域的最大大小。

案例【9.1.6】背景图片的 background-size 属性应用

```
<! doctype html >
< html >
< head >
< meta charset = " utf - 8 " >
< title > 背景图片的 background - size 属性应用 </title >
    < style >
    #a1{height:250px;
width:250px;
background-image:url( DSC01. JPG) ;
background-size:150px 200px;}
    </style >
</head >
< body >
    < div id = " a1 " > </div >
</body >
</html >
```

图9.1.6　background-size 属性应用

此案例代码表示背景图片的宽度为 150 px,高度为 200 px。效果如图 9.1.6 所示。

5)background-clip 属性

background-clip 属性指定确定背景的裁剪区域,即控制元素背景显示区域。

语法:

background-clip:border-box ‖ padding-box ‖ content-box

①border-box:此值为默认值,背景从 border 区域向外裁剪,也就是超出部分将被裁剪掉。

②padding-box:背景从 padding 区域向外裁剪,超过 padding 区域的背景将被裁剪掉。

③context-box:背景从 content 区域向外裁剪,超过 context 区域的背景将被裁剪掉。

案例【9.1.7】背景图片的 background-clip 属性应用

```
<! doctype html >
< html >
< head >
< meta charset = " utf - 8 " >
<title>背景图片的裁剪区域属性应用</title>
    < style >
    #a1{height:250px;
width:250px;
background-image:url(DSC01. JPG);
background-clip:border-box;}
    </style>
</head>
< body >
    < div id = " a1 " > </div >
</body>
</html>
```

效果如图9.1.7所示。

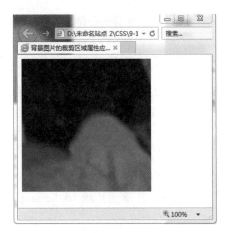

图 9.1.7　裁剪区域属性应用

6) background-repeat 背景图片重复属性

background-repeat 用来设定背景图像平铺。它决定一个指定的背景图片如何被重复。

语法:

background-repeat:repeat │ repeat-x │ repeat-y │ no-repeat

表9.1.3　background-repeat **背景图片重复属性**

参数值	说明
repeat	背景图片水平与垂直方向同时平铺(默认值)
repeat-x	背景图片横向重复
repeat-y	背景图片纵向重复
no-repeat	不重复

7) background-origin 背景图片起点

background-origin 属性规定 background-position 属性相对于什么位置来定位。

注释:如果背景图像的 background-attachment 属性为" fixed ",则该属性没有效果。

属性值:

①border-box 是把背景图片的坐标原点设置在盒模型 border-box 区域的左上角。

②padding-box 是把背景图片的坐标原点设置在盒模型 padding-box 区域的左上角。

③content-box 是把背景图片的坐标原点设置在盒模型 content-box 区域的左上角。

8）background-attachment 固定背景图片

该属性用来设定背景图像是否跟随页面内容滚动。

语法：

background-attachment：scroll ｜ fixed

scroll：背景图像跟随页面内容滚动。

fixed：背景图像固定。

案例【9.1.8】background-attachment 属性的应用

＜! doctype html ＞

＜html ＞

＜head ＞

＜meta charset ="utf－8"＞

＜title ＞背景图片的 background-attachment 属性应用 ＜/title ＞

　　＜style ＞

　　body{background-image：url("hua1.jpg")；

background-attachment：scroll；}

　　＜/style ＞ ＜/head ＞

＜body ＞

　　＜p id ="a1"＞我向往春天葳蕤 ＜br ＞

的激情 ＜br ＞

总是盛开,草与花朵砥砺 ＜br ＞

互勉 ＜br ＞

从不辜负季节 ＜br ＞ ＜br ＞

从内部衍生的灯盏 ＜br ＞

明灭有度 ＜br ＞

沉浮……唯有向上的力 ＜br ＞

能够揭示秘密 ＜br ＞

　　＜br ＞鉴于此,我继续前行 ＜br ＞

不问路有多远 ＜br ＞

一直走就会看见风吹万物 ＜br ＞

大地澄明 ＜br ＞ ＜br ＞

鉴于此,我继续前行 ＜br ＞

不问路有多远 ＜br ＞

一直走就会看见风吹万物 ＜br ＞

大地澄明 ＜br ＞ ＜/p ＞

＜/body ＞

＜/html ＞

效果如图 9.1.8 所示。

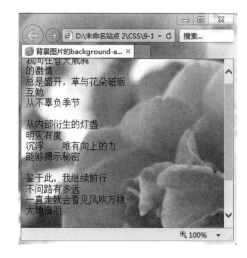

图 9.1.8　background-attachment 属性应用

【课程育人】

通过案例引入与网页对象的背景样式设置的融合学习,我们应该掌握:

1.通过对背景颜色、图片、位置(水平纵向)等的设置,学会利用作品体现人间的真善美,善于发现学习中的美,发现作品中的美,给予作品用户热爱生命、热爱生活的高尚情操。

2.在制作网页应用色彩时,要与人为善,用最好的色彩去启发、引导、帮助那些需要的人,达到释放真善美、乐于助人的最好效果。

【课堂互动】

1.HTML 语言使用(   )进制的 RGB 颜色值对颜色进行控制。
  A. 十六进制   B. 八进制   C. 十进制   D. 二进制

2.下列属于背景属性的元素是(   )。(多选题)
  A. background-color   B. background-image
  C. background-position   D. background-size

3.下列属于 background-repeat 背景图片重复属性的有(   )。(多选题)
  A. Repeat   B. repeat-x   C. repeat-y   D. no-repeat

4.下列不属于 background-origin 背景图片起点属性的是(   )。
  A. content-box   B. right-box   C. padding-box   D. border-box

任务9.2 控制对象边框样式

【案例引入】

色彩是设计中最具表现力和感染力的因素,它通过人们的视觉感受产生一系列的生理、心理效应,形成丰富的联想、深刻的寓意和象征。

色彩引起人的视觉效果反映在物理性质方面,如冷暖、远近、轻重、大小等,该物理作用在网页设计中可以大显身手。

1.温度感

色彩学中,色彩按不同色相分为热色、冷色和温色,从红紫、红、橙、黄到黄绿色称为热色,以橙色感觉最热。从青紫、青至青绿色称冷色,以青色感觉为最冷。紫色是红与青色混合而成,绿色是黄与青混合而成,因此是温色。这和人类长期的感觉经验是一致的,如红色、黄色,让人似看到太阳、火、炼钢炉等,感觉热;而青色、绿色,让人似看到江河湖海、绿色的田野、森林,感觉凉爽。

2. 距离感

色彩可以使人感觉进退、凹凸、远近的不同,一般暖色系和明度高的色彩具有前进、凸出、接近的效果,而冷色系和明度较低的色彩则具有后退、凹进、远离的效果。网页制作中可利用色彩的这些特点去改变页面的空间感。

3. 重量感

色彩的重量感主要取决于明度和纯度,明度和纯度高的显得轻,如桃红、浅黄色。网页设计的布局中常以此达到平衡和稳定的需要,以及表现网站需要的风格,如轻飘、庄重等。

4. 尺度感

色彩对物体大小的作用,包括色相和明度两个因素。暖色和明度高的色彩具有扩散作用,因此物体显得大,而冷色和暗色则具有内聚作用,因此物体显得小。不同的明度和冷暖有时也通过对比作用显示出来,网页布局通常会用到。

【案例分析】

网页 CSS 应用中的颜色配置,决定着网页制作的质量,一般根据网站的需求与特色来选择网页主色及辅色,我们要熟悉色彩的冷暖、远近、轻重、大小等物理作用对人引起的视觉效果,才能在制作网页时,采用让用户舒适的颜色,激发起用户与人为善、为他人着想、宣扬真善美的热情。

【主要知识点】

在 CSS 中,border 是一个复合属性,用于设置目标元素的边框样式,可以同时设置边框的粗细、线型和颜色。可以通过 border 边框的 width、style、color 颜色属性来控制段落、图片和表格等对象的边框样式。设置目标对象的边框特征,包括边框颜色、粗细、以及使用的线型。

9.2.1　设置边框的宽度 border-width

在 CSS 里,可以利用 border-width 属性来控制边框的宽度。

语法 1:

border-width:thin｜medium｜thick｜长度

微课 9.2　CSS3 边框设置

说明:参数值 thin 代表细、medium 代表中等、thick 代表粗。

语法 2:

border-top-width:上边框宽度;border-bottom-width:下边框宽度;border-left-width:左边框宽度;border-right-width:右边框宽度。

使用 border-width 属性设置边框的宽度有 4 种设置方法:

设置一个值:四条边框宽度均使用同一个设置值。

设置两个值:上边框与下边框宽度调用第一个值,右边框与左边框宽度调用第二个值。

设置三个值：上边框宽度调用第一个值，右边框与左边框宽度调用第二个值，下边框宽度调用第三个值。

设置四个值：四条边框宽度的调用顺序，顺序为上、右、下、左。

9.2.2　设置边框的颜色

border-color 属性用于设置边框的颜色，它的使用方法与 border-width 相同。

语法 1：

border-color：#rrggbb；

border-color：#rrggbb #rrggbb #rrggbb #rrggbb；

说明：第 1 种颜色为上部边框颜色，第 2 种颜色为右边框颜色，第 3 种颜色为底部边框颜色，第 4 种颜色为左边框颜色。

语法 2：

border-top-color：#rrggbb；border-bottom-color：#rrggbb；border-left-color：#rrggbb；border-right-color：#rrggbb。

9.2.3　设置边框的样式 border-style

border-style 属性用于设置边框的样式。

其语法设置如下：

borderstyle：none｜solid｜double｜dotted｜dashed｜groove｜ridge｜inset｜outset

表 9.2.1　border-style 属性设置值

属性	说明
solid	实线
double	双直线
dotted	小点虚线
dashed	大点虚线
groove	3D 凹线
ridge	3D 凸线
inset	3D 框入线
outset	3D 隆起线

案例【9.2.1】控制对象边框样式的应用

＜！doctype html＞

＜html＞

＜head＞

```
< meta charset = " utf - 8 " >
< title > 边框样式 < /title >
< style >
div {
width:200px;
height:300px;
border-width:20px;
border-style:dotted double dashed outset;
border-color:#ED0F0F #1240F1 #0EF421 #F87F15;
}
< /style >
< /head >
< body >
< div > < /div >
< /body >
< /html >
```

效果如图9.2.1所示。

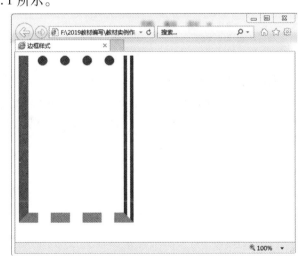

图9.2.1　边框样式的应用

【课程育人】

案例引入与CSS边框(border)的"width""style""color"三个属性的融合学习具体体现如下：

制作网页时,采用让用户舒适的颜色,激发起用户与人为善、为他人着想、宣扬真善美的高尚品质。

【课堂互动】

请创建一个"湖南红色基地"网站,建立首页 Index. html,并在首页里设置一个 div 边框,样式为:"5 像素宽,红色,方块点虚线线型"。

任务9.3　控制对象列表标记符样式

【案例引入】

现代科学揭示,人类对色彩的感觉是一个复杂而微妙的心理、生理、化学和物理过程,所有颜色都能通过一系列波的振动,在人体内引起生物微电波的抑制和共鸣,从而影响人的情绪及精神状态。

心理学家发现红色可以刺激神经兴奋;绿色则可以提高人的听觉感受性,松弛神经,提高工作效率,消除疲劳,还会使人减慢呼吸,降低血压;橙色能诱发食欲和正常情绪;黄色可以活跃思维,也可以造成情绪不稳定;蓝色使血压降低,使体内代谢平衡;紫色对运动神经、淋巴和心脉系统有压抑作用,使人安静、温和。

【案例分析】

本案例讲述了人对不同颜色的心理反应,制作网页要掌握这些常识,什么颜色能引起人的什么心理反应,哪些模块想要达到什么效果,比如激励人的意志、鼓励人们消费、想给人留下深刻的印象或让人的心态平和等不同效果都要应用不同的颜色。

我们在利用对象列表标记符美化网页元素时,要结合实际的网页内容,使用不同的颜色,引导好用户,给予他人关怀与帮助,与人为善。

【主要知识点】

9.3.1　列表标记符类型

1)无序列表

列表项标记符采用特殊图形(如小黑点、小方框等)。

2)有序列表

列表项的标记符有数字、字母或另外某种计数体系中的一个符号,使用 CSS,可以列出进一步的样式,并可用图像作列表项标记符。

9.3.2　列表标记属性值

属性值有以下:

list-style-type：none 无标记；

list-style-type：disc 默认,标记是实心圆；

list-style-type：circle 空心圆；

list-style-type：square 实心方块；

list-style-type：decimal 标记是数字；

list-style-type：decimal-leading-zero 0 开头的数字标记(01,02,03)等；

list-style-type：lower-roman 小写罗马数字(i,ii,iii,iv,v)；

list-style-type：upper-roman 大写罗马数字(Ⅰ,Ⅱ,Ⅲ,Ⅳ)；

list-style-type：lower-alpha 小写英文字母(a,b,c,d)；

list-style-type：upper-alpha 大写英文字字母(A,B,C,D)；

list-style-type：lower-greek 小写希腊字母(α,β,γ)；

list-style-type：lower-latin 小写拉丁字母(a,b,c,d)；

list-style-type：upper-latin 大写拉丁字母(A,B,C,D)；

微课 9.3　CSS3 列表设置

9.3.3　列表标记的位置（list-style-position）

①inside 列表项目标记位置在文本以内,且环绕文本根据标记对齐；

②outside 默认值,保持标记位于文本的内侧,列表项目标记放置在文本以外,且环绕文本不根据标记对齐；

③inherit 规定应该从父元素继承 list-style-position 属性的值。

li｛list-style：url(example. gif) square inside｝

案例【9.3.1】无序列表标记符的应用

<！doctype html>

<html>

<head>

<meta charset =" utf - 8 ">

<title>无序列表标记符的应用</title>

　　<style>

ul. disc｛list-style-type：disc｝

ul. circle｛list-style-type：circle｝

ul. square｛list-style-type：square｝

ul. none｛list-style-type：none｝

　　</style>

</head>

<body>

　　<ul class =" disc ">

<li>苹果</li>

<li>梨子</li>

```
< li > 西瓜 </li >
</ul >
< ul class = " circle " >
< li > 苹果 </li >
< li > 梨子 </li >
< li > 西瓜 </li >
</ul >
< ul class = " square " >
< li > 苹果 </li >
< li > 梨子 </li >
< li > 西瓜 </li >
</ul >
< ul class = " none " >
< li > 苹果 </li >
< li > 梨子 </li >
< li > 西瓜 </li >
</ul >
</body >
</html >
```

效果如图9.3.1所示。

案例【9.3.2】有序列表标记符的应用

```
< ! doctype html >
< html >
< head >
< meta charset = " utf - 8 " >
< title > 有序列表标记符的应用 </title >
    < style >
    ol. decimal {list-style-type: decimal}
ol. lroman {list-style-type: lower-roman}
ol. uroman {list-style-type: upper-roman}
ol. lalpha {list-style-type: lower-alpha}
ol. ualpha {list-style-type: upper-alpha}
    </style >
</head >
< body >
    < ol   class = " decimal " >
< li > 苹果 </li >
```

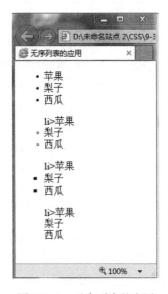

图9.3.1　无序列表的应用

< li > 梨子 </li >

< li > 西瓜 </li >

</ol >

< ol　class = " lalpha " >

< li > 苹果 </li >

< li > 梨子 </li >

< li > 西瓜 </li >

</ol >

< ol　class = " lroman " >

< li > 苹果 </li >

< li > 梨子 </li >

< li > 西瓜 </li >

</ol >

< ol　class = " ualpha " >

< li > 苹果 </li >

< li > 梨子 </li >

< li > 西瓜 </li >

</ol >

< ol　class = " uroman " >

< li > 苹果 </li >

< li > 梨子 </li >

< li > 西瓜 </li >

</ol >

</body >

</html >

效果如图9.3.2所示。

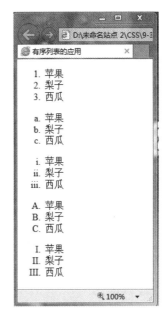

图9.3.2　有序列表的应用

9.3.4　设置图像列表标记符

语法:list-style-image:none ｜ url(url)

none:不指定图像。

url(url):使用绝对或者相对地址指定背景图像。

可以使用图像作为列表的标记,JPG 和 GIF 格式都可以。

①url:图像的路径;

②none:默认,无图形被显示;

③inher:规定从父元素继承 list-style-image 属性的值。

ul li {list-style-image ：url(xxx. gif)}

案例【9.3.3】无序列表图像列表的应用

```
< ! doctype html >
< html >
< head >
< meta charset = " utf － 8 " >
< title > 无序列表图像列表的应用 < /title >
    < style >
ul. img{
list-style-image：url( ni_png_0263. png)；
list-style-position：inside；
}
    < /style >
< /head >
< body >
    < ul   class = " img " >
< li > 苹果 < /li >
< li > 梨子 < /li >
< li > 西瓜 < /li >
< li > 荔枝 < /li >
< li > 香蕉 < /li >
< li > 甜瓜 < /li >
    < /ul >
< /body >
< /html >
```

效果如图 9.3.3 所示。

图9.3.3　无序列表图像列表的应用

【课程育人】

案例引入与网页列表样式的融合学习,总结如下:

1.在掌握用列表样式美化网页元素的同时,要培养与人为善、乐于助人的优良品质;

2.在实际网页元素美化应用中,要善于从学习中发现美、在制作时要考虑给予他人关怀与帮助,激励人们热爱生活、热爱生命、热爱祖国。

【课堂互动】

1.不属于列表标记符属性的是( )。

A. disc　　　　　　B. circle　　　　　　C. square　　　　　　D. dot

2.不属于列表标记的位置属性是( )。

　　A. null　　　　　　　B. inherit　　　　　C. outside　　　　　D. inside

3. 不属于图像列表标记的位置属性是(　　　)。

　　A. url　　　　　　　B. inher　　　　　C. img　　　　　D. none

任务9.4　项目实施:起点图书网页的美化

9.4.1　起点图书网页导航条的文字美化

①在 DreamWeaver 2019 CC 中打开案例"起点图书网"主页,效果如图9.4.1所示。

图 9.4.1　"起点图书网"主页

②打开 qidian. css 文件,找到控制导航的样式#daohang ul li,并加上字体颜色、字体大小、字体下划线、字体阴影。代码如下:

```
#daohang ul li {
        line-height:46px;
        text-align:center;
        width:100px;
        list-style-type: none;
        font-family:"Arial Unicode MS";
        float:left;
        color:#0000FF; //设置字体颜色为蓝色
```

　　　　font-size：18px；//设置字体大小为 18 px

　　　　text-decoration：underline；//设置字体下划线

　　　　text-shadow：1px 0px；　　　　//设置字体阴影,阴影大小为 1 px

　　background-color：#6DF5F3；//设置字体背景颜色为浅蓝色

　　　}

效果如图9.4.2 所示。

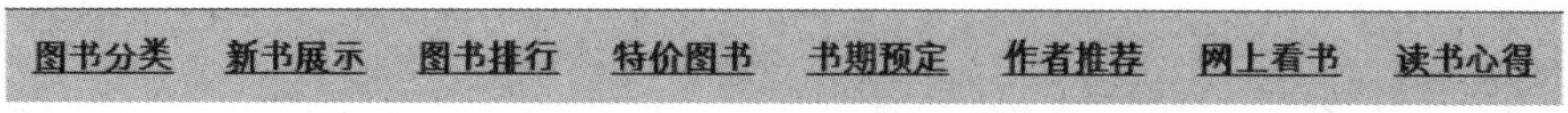

图书分类　　新书展示　　图书排行　　特价图书　　书期预定　　作者推荐　　网上看书　　读书心得

图 9.4.2　导航文字的美化

9.4.2　无序列表标记的美化

在 DreamWeaver CC 中打开案例"起点图书网"主页,找到右侧图书分类控制样式"#body_top_right　ul",在已有代码基础上加上边框。代码如下:

#body_top_right　ul｛

　　margin：0px；

　　padding：0px；

　　font-family："Arial Unicode MS"；

　　line-height：20px；

　　font-size：12px；

　　list-tyle-type：none；

　　　　border-left：4px #00FFFF solid ；//设置左边边框为4 px 宽,蓝色,实心线型

　　　　border-right：4px dotted #00ff00；//设置右边边框为4 px 宽,绿色,点虚线线型

　　　　border-top：3px dashed #FF0000；//设置上边边框为4 px 宽,红色,方块点虚线线型

　　　　border-bottom：4px #0000FF　solid；//设置底边边框为4 px 宽,深蓝色,实心线型

　　｝

所有用到#tushu_right　ul li 样式的列表边框效果如图9.4.3 所示。

9.4.3　起点图书网页列表标记符的美化

①在 DreamWeaver CC 中打开案例"起点图书网"主页,找到左侧图书分类控制样式"tushu_left",在已有代码基础上加列表图片标记符。代码如下:

#tushu_left ul　li｛

list-style-image：url(img/a1.jpg)；　// 设置列表图片标记符为 a1.jpg　　　｝

效果如图9.4.4 所示。

2019图书盘点 China-pub图书榜
计算机新书讯(定期更新)敬请关注
二手特价书全场5元加量不加价
图灵5周年年末促销 回馈新旧会员
图灵5高品质新书展 特价优惠走起

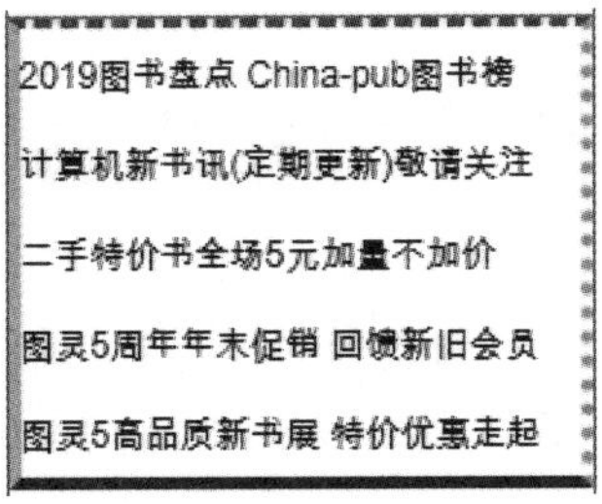

图 9.4.3　列表边框的美化

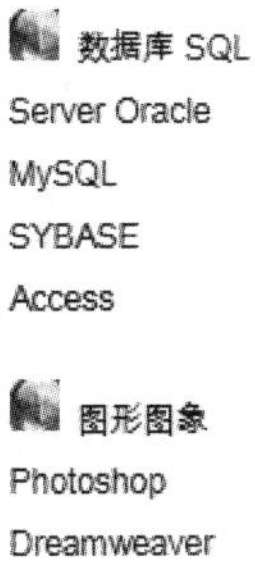

数据库 SQL
Server Oracle
MySQL
SYBASE
Access
图形图象
Photoshop
Dreamweaver

图 9.4.4　列表图片标记符

技能训练

请根据案例“杏仁网”在 index. html 页里面对左侧“杏仁营养价值” 引用 mainleft 样式的<div></div>标签进行背景、边框、列表标记符的设置。

(1)设置背景颜色为“#C9DCF3”。

(2)设置边框样式为“3 px 宽,深蓝色,方块点虚线线型”。

(3)列表标记符设为杏仁网站点文件夹中 image 文件夹下的“Num. JPEG”图片。

模块 10　基于 DIV + CSS 的布局基础

DIV + CSS 布局原理是把所有网页元素都看成一个盒子,每个盒子就是一个矩形框,这个框由元素的内容(content)、内边距(padding)、外边距(margin)、边框(border)组成,并可以在其他元素和周围元素边框之间的空间放置元素。

【学习目标】

知识目标:

1. 了解 CSS 盒子模型;

2. 掌握 CSS 定位样式;

3. 掌握 DIV + CSS 布局;

4. 掌握图书网主页布局草图设计。

技能目标:

1. 掌握 CSS 盒子模型的能力;

2. 掌握 CSS 定位样式的能力;

3. 掌握 DIV + CSS 布局的能力;

4. 掌握图书网主页布局草图设计能力。

素质目标:

1. 通过对 CSS 盒子模型的学习,培养学生细心做事、埋头苦干的共产主义接班人精神;

2. 通过对控制 CSS 对象定位样式的学习,培养学生热爱专业、踏实做人的优良品质;

3. 通过对 DIV + CSS 布局的学习,培养学生科技兴国、严谨务实的大国工匠精神。

任务 10.1　CSS 盒子模型

【案例引入】

2020 年度"感动中国"人物高凤林:火箭发动机焊接的中国第一人。

新一代长征五号运载火箭是目前我国设计运载能力最大的火箭,是我国火箭里程碑式的产品,也是我国未来天宫空间站建设的主力运载工具。大火箭需要大发动机,而大发动机的制造需要大科学家、大工程师,同样也需要一线动手的大工匠,高凤林就是这样的工匠。他参与焊接发动机的火箭有 140 多发,占中国火箭发射的一半之多,是火箭关键部位焊接的中国第一人。

对高凤林来说,长征五号大运力火箭发动机每一个焊接点都是一次全新的挑战,而难度最大的就是喷管的焊接。长征五号火箭发动机的喷管上,有数百根空心管线,管壁的厚度只有0.33 mm。高凤林需要通过3万多次精密的焊接操作,才能把它们编织在一起。这些细如发丝的焊缝加起来,长度达到了1 600多米。而最要紧的是,每个焊点只有0.16 mm宽,完成焊接允许的时间误差是0.1 s。发动机是火箭的心脏,一小点焊接瑕疵都可能导致一场灾难。为保证一条细窄而漫长的焊缝在技术指标上首尾一致,整个操作过程中高凤林必须发力精准,心平手稳,保持住焊条与母件的恰当角度,这样才能让焊液在焊缝里均匀分布,不出现气孔沙眼。在国际上,火箭发动机头部稳定装置连接的最佳方案是采用胶粘技术。但这种技术会产生老化,因此高凤林选择了用焊接的方式来解决这一难题。发动机头部稳定装置的焊接必须一次成功,高凤林的技艺和他研制的焊丝决定着焊接的成败。由于铜合金的熔点较低,高凤林必须将焊接停留的时间从0.1 s缩短到0.01 s,如果有一点焊漏就会造成稳定装置的失效。最终,高凤林还是成功地解决了这一焊接难题。

【案例分析】

高凤林参与焊接发动机的火箭有140多发,占中国火箭发射的一半之多。他凭着精湛的技艺、精益求精的精神、严谨务实的态度,成为火箭关键部位焊接的中国第一人。CSS盒子模型概念为网页的排版提供了很多便利,在利用CSS盒子模型排版布局时要学习高凤林焊接火箭发动机的精神与细心做事、踏实做人、严谨务实的大国工匠精神。

【主要知识点】

10.1.1 盒子模型的概念及属性

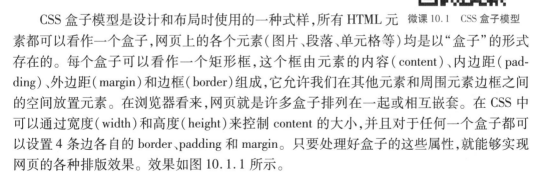

微课10.1 CSS盒子模型

CSS盒子模型是设计和布局时使用的一种式样,所有HTML元素都可以看作一个盒子,网页上的各个元素(图片、段落、单元格等)均是以"盒子"的形式存在的。每个盒子可以看作一个矩形框,这个框由元素的内容(content)、内边距(padding)、外边距(margin)和边框(border)组成,它允许我们在其他元素和周围元素边框之间的空间放置元素。在浏览器看来,网页就是许多盒子排列在一起或相互嵌套。在CSS中可以通过宽度(width)和高度(height)来控制content的大小,并且对于任何一个盒子都可以设置4条边各自的border、padding和margin。只要处理好盒子的这些属性,就能够实现网页的各种排版效果。效果如图10.1.1所示。

1)外边距

外边距指的是元素与元素之间的距离,它设置的属性有:margin-top、margin-right、margin-bottom、margin-left,可分别设置单个属性,也可以用margin属性按顺时针方向一次性设置所有边距,如:"margin:3px4px5px6px;"。

2)内边距

内边距位于对象边框和对象之间,用于控制content与border之间的距离。它包括了

4 项属性：padding-top（上内边距）、padding-right（右内边距）、padding-bottom（下内边距）、padding-left（左内边距），内边距属性不允许负值。与外边距类似，内边距也可以用 padding 一次性设置所有的对象间隙。如："padding：3px4px5px6px；"。

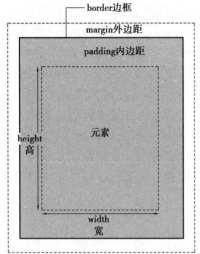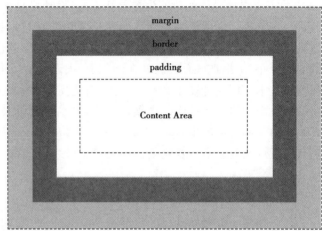

图 10.1.1　CSS 盒子模型

案例【10.1.1】CSS 的容器属性

```
< ！doctype html >
< html >
< head >
< meta charset = " utf - 8 " >
< title > CSS 的容器属性 </ title >
< style type = " text/css " >
. a1 {    width：300px；
height：200px；
margin-top：10px；
margin-right：25px；
margin-bottom：15px；
margin-left：20px；
float：left；
border-left：3px double #0637F3；
border-bottom：4px double #F30623；
padding-left：5px；
padding-bottom：8px；
letter-spacing：3px；
ine-height：20px；
border-top-style：inset；
```

border-top-color：#31F41A；

border-right：5px dashed #0CF8F4；}

</style >

</head >

< body >

  < div class = " a1 " > </div >

</body >

</html >

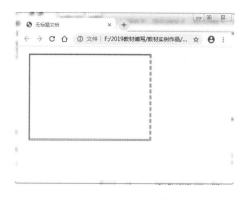

图 10.1.2　CSS 的容器属性

效果如图 10.1.2 所示。

3）边框

边框也是盒子模型矩形框的一个重要元素,具体使用方法见任务 9.2。

10.1.2　CSS 盒模型的浮动

CSS 中有一个重要的布局技术,即浮动定位(float)。通过 float,我们可以使元素在水平上左右移动,再通过 margin 属性调整位置,直到它的边缘碰到包含框或另一个浮动框的边缘而定下来。它是超越文档流而存在的。文档流是浏览器解析网页的一个重要概念,对于一个 XHTML 网页,body 元素下的任何元素,根据其前后顺序组成了一个个上下关系,这便是文档流。浏览器根据这些元素的顺序去显示它们在网页之中的位置。文档流是浏览器的默认显示规则。

给元素的 float 属性赋值后,就是脱离文档流,进行左右浮动,紧贴着包含框或另一个浮动框的左右边框。

任何元素都可以使用浮动,无论是块级元素 div、ul,还是行内元素等,任何被声明 float 的元素都具有块级元素的各种特点,可以设置宽、高与内外边距等属性。

float 可选参数如下:

left :元素向左浮动。

right :元素向右浮动。

none :默认值。

inherit :从父元素继承 float 属性。

为什么要设置 float 属性呢? 因为在网页中分行内元素和块元素,行内元素是可以显示在同行上的元素,例如 < span >;块元素是占据正行的空间元素,例如 < div >。如果需要将两个 < div > 显示在同一行上,就需要使用 float 属性。在页面布局时,当容器的高度设置为 auto 且容器的内容中有浮动元素时,容器的高度不能自动伸长以适应内容的高度,使得内容溢出到容器外面导致页面出现错位,这个现象称为浮动溢出。为了防止出现这个现象而进行的 CSS 处理,就叫清除浮动,它实现拒绝浮动对象对后面对象的影响。

技巧:当浮动了许多元素之后,突然需要另起一行时,可以制作一个空白的 div 标签,为其设置 clear:both;清除左右的浮动。

语法：

clear：none｜left｜right｜both

清除浮动的几个语法：

①clear:none;不清除浮动。

②clear:left;不允许左侧有浮动元素（清除左侧浮动的影响）清除左浮动,元素在左浮动盒子的下方摆放。

③clear:right;不允许右侧有浮动元素（清除右侧浮动的影响）清除右浮动,元素在右浮动盒子的下方摆放。

④clear:both;同时清除左右两侧浮动的影响,元素在左右浮动盒子的下方摆放。

【课程育人】

通过对案例引入与CSS盒子模型的融合学习,总结如下：

1.学习CSS盒子模型是为网页的布局排版打基础,同时也学习高凤林细心做事、踏实做人、科技兴国、严谨务实的大国工匠精神。

2.在CSS盒子模型的外边距Marign与内边距Padding的专业学习中,培养学生热爱专业、埋头苦干、踏实做人的优秀品质。

【课堂互动】

1.CSS盒子模型内边距参数是(　　　),外边距参数是(　　　)。

　　A. padding　　　　　B. border　　　　　　C. margin　　　　　　D. content

2.CSS中浮动定位(float)的参数有(　　　)。（多选）

　　A. left　　　　　　　B. right　　　　　　　C. none　　　　　　　D. inherit

任务10.2　控制对象定位样式

【案例引入】

　　一把焊枪,一双妙手,他以柔情呵护复兴号的筋骨;千度烈焰,万次攻关,他用坚固为中国梦提速。那飞驰的列车,会记下他指尖的温度,他就是——中车长春轨道客车股份有限公司(以下简称"中车长客股份有限公司")电焊工李万君。披挂着厚重的帆布工作服,扣着封闭的焊帽,李万君和工友们在烟熏火燎中淬炼意志。每次呼吸、移步和变换身姿都万分小心,焊枪在手中稳稳地移动,焊花不停闪耀——这是李万君的工作常态。李万君说,自己只是一个普通的焊工,而他的工友讲,两根直径仅有3.2 mm的不锈钢焊条,李万君可以不留一丝痕迹地对焊在一起;听到20 m外的焊接声,李万君就能判断出电流、电压的大小、焊缝的宽窄,是平焊还是立焊、焊接的质量如何。中国高铁从无到有,从追赶到领跑,对国外技术封锁的"突围"中,有李万君凭借钻劲、韧劲取得的重要核心试验数据做支撑。他是一个缩影,在他背后所展示出来的是一幅壮观的中国高铁人努力奋斗、勇敢创新的动人画卷。在中车长客股份有限公司从业 30 年,李万君先后参与了我国几十种城铁车、动车组转向架的首件试制焊接工作,总结并制定了 30 多种转向架焊接规范及操作方法,技术攻关 150 多项,其中 27 项获得国家专利,填补了国内空白。他的"拽枪式右焊法"等 30 余项转向架焊接操作方法,累计为企业节约资金和创造价值 8 000 余万元。

【案例分析】

从一名普通的焊工,到超一流的高铁焊接大师,非凡的"大国工匠",再到当选党的十八大代表、全国优秀共产党员,30 年间,李万君用手中的焊枪诠释了自身的职业价值和人生追求。他的感人之处,就在于他从平凡到非凡的蝶变。在他身上体现的是一名焊工对个人梦想、一名大国工匠对中国梦的执着追求与不懈努力。我们在学习 CSS 的 position 定位类型与定位属性时,在掌握专业技能的同时,也要学习李万君不忘初心、脚踏实地、保持本色、敬业报国的崇高品德。

【主要知识点】

在 CSS 中,通过定位属性可以实现网页中元素的精确定位。元素的定位属性主要包括定位模式和边偏移两部分。

10.2.1　position 属性

利用样式表的 position 属性,就可以精确地设定对象的位置,还能将各对象进行叠放处理。

语法:

position:< absolute | relative >;left:< 值 >;top:< 值 >;[width:< 值 >];[height:< 值 >];[visibility:< 值 >];[z-index:< 值 >]

10.2.2　定位类型

1)静态定位 static

静态定位 static 为 position 的默认值,表示没有定位,元素出现在正常的流中(忽略 top,bottom,left,right 或者 z-index 声明)。

2)绝对定位

absolute 表示绝对定位,绝对定位能精准设置对象在网页中的具体位置。在绝对定位中,对象的位置是相对于浏览器窗口而言的。

绝对定位的元素可使用 left、right、top、bottom 等属性进行绝对定位,如果元素的父级没有设置定位属性,则依据 body 元素左上角作为参考进行定位。绝对定位元素可层叠,层叠顺序可通过 z-index 属性控制,z-index 值为无单位的整数,大的在上面,可以有负值。

①left 属性用于设定对象左边的距离;top 属性用于设定对象顶部的距离。

②width 属性用于设定对象的宽度。利用宽度属性就可以设定对字符向右显示的限制。宽度属性只在绝对定位时使用。

③height 属性用于设定对象的高度。高度和宽度的设置类似,只不过是在垂直方向上进行的。

案例【10.2.1】标题的绝对定位

```
< ! doctype html >
< html >
< head >
< meta charset = " utf - 8 " >
< title > 标题的绝对定位 </ title >
    < style type = " text/css " >
H1. po｛position:absolute;
left:200px;
top:100px;｝
</ style >
</ head >
< body >
< h1 class = " po " > 绝对定位 </ h1 >
< p > 通过绝对定位,这里的标题页面左边距离为 200 px,顶部距离为 100 px。 </ p >
</ body >
</ html >
```

效果如图 10.2.1 所示。

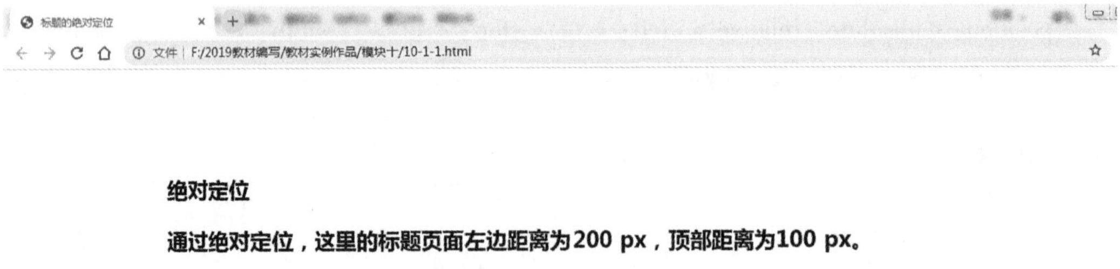

绝对定位

通过绝对定位,这里的标题页面左边距离为200 px,顶部距离为100 px。

图 10.2.1　绝对定位的应用

案例【10.2.2】绝对定位属性的应用

```
< ! doctype html >
< html >
< head >
< meta charset = " utf - 8 " >
< title > 绝对定位属性的应用 </ title >
    < style type = " text/css " >
```

```
div{position:absolute;
left:200px;top:40px;
width:300px;height:200px;
background-color:blue}
</style>
</head>
<body>
<div></div>
</body>
</html>
```

效果如图10.2.2所示。

图10.2.2　绝对定位属性的应用

④z-index属性:深度空间位置。用于调整定位时重叠块的上下位置,如果将页面看作x-y轴,则垂直于页面的方向为z轴,z-index值大的在上面,其取值可为正整数、负整数和0。z-index的默认值是0。

案例【10.2.3】CSS 定位属性 z-index

```
<!doctype html>
<html>
<head>
<meta charset="utf-8">
<title>CSS 定位属性 z-index 案例
</title>
    <style type="text/css">
img.x
{position:absolute;
left:0px;
top:0px;
z-index:-1
```

```
｝</style >
</head >
<body >
    <h1 >这是一个标题 </h1 >
<img class ="x"  src ="images/a1.png" / >
<p >默认的 z-index 是 0。Z-index -1 拥有更低的优先级。</p >
</body >
</html >
```

效果如图 10.2.3 所示。

图 10.2.3 CSS 定位属性 z-index

⑤visibility 属性用于设定对象是否显示。这条属性对于被定位和未定位的对象都适用。

该属性的参数有 3 种：

- visible：使对象可以被看见。
- hidden：使对象被隐藏。
- inherit：对象被继承母体对象的可视性设置。

案例【10.2.4】控制对象不可见

```
<! doctype html >
<html >
<head >
<meta charset ="utf -8" >
<title >控制对象不可见 </title >
    <style type ="text/css" >
h2｛visibility：hidden｝
</style >
</head >
<body >
```

< h2 > 网页设计与制作 < / h2 >

< / body >

< / html >

效果如图10.2.4所示,h2标题内容被隐藏。

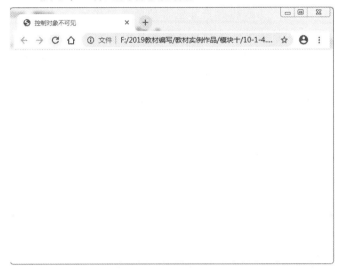

图 10.2.4 控制对象不可见

注意:

①当一个对象被隐藏后,它仍然要占据浏览器窗口中的原有空间。

②通过 CSS 定位属性,可用来控制任何东西在网页上或在窗口中的位置。

③CSS 定位属性主要用在 div 标签上。

3) 相对定位

relative 表示相对定位。它所定位的对象的位置是相对于该对象在文档中所分配的位置。关键在于被定位的对象的位置是相对于它通常应在的位置而言的。如果停止使用相对定位,则文字的显示位置将恢复正常。

案例【10.2.5】标题的相对定位

< ! doctype html >

< html >

< head >

< meta charset = " utf - 8 " >

< title > 标题的相对定位 < / title >

　　< style type = " text/css " >

h1. re{position:relative;

left: - 60px}

h1. rl

{position:relative;

left:60px}

</style > </head >

< body >

<h1 >这是正常标题 </h1 >

< h1 class ="re ">这个标题相对于其正常位置向左移动 </h1 >

< h1 class ="rl ">这个标题相对于其正常位置向右移动 </h1 >

< p >相对定位会按照元素的原始位置对该元素进行移动。 </p >

< p >样式 "left：－60px "从元素的原始左侧位置减去 60 px。 </p >

< p >样式 "left:60px "向元素的原始左侧位置增加 60 px。 </p >

</body >

</html >

效果如图 10.2.5 所示。

图 10.2.5　标题的相对定位

技巧：

页面布局经常会用到不占位的相对定位,即外层采用 position：relative,内层采用 position：absolute 通过一组定位的组合来实现布局。

4)fixed 固定定位

固定定位,生成绝对定位的元素,相对于浏览器窗口进行定位。元素的位置通过"left" "top""right"以及"bottom"属性进行规定。可通过 z-index 进行层次分级。

案例【10.2.6】CSS 固定定位属性设置

< ! doctype html >

< html >

< head >

< meta charset =" utf － 8 ">

```
<title>CSS 固定定位属性</title>
    <style type="text/css">
p.a
{position:fixed;
left:10px;
top:20px;}
p.b
{position:fixed;
top:30px;
right:12px;}
</style>
</head>
<body>
<p class="a">固定定位</p>
<p class="b">内容的固定定位</p>
</body>
</html>
```

效果如图 10.2.6 所示。

图 10.2.6　CSS 固定定位属性

【课程育人】

通过对案例引入与 CSS 的 position 定位类型与定位属性的融合学习,总结如下:

1. 在学习 CSS 的 position 定位类型与定位属性的同时,要确立自身的职业价值和人生追求,学习李万君不忘初心、脚踏实地的优秀品质。

2. 在学习专业技能时,从细微处着眼,从局部入手,把握好技术精髓,做一个平凡的技术人,做一个大国工匠。

【课堂互动】

1. position 属性静态定位是（　　　）。

    A. static　　　　　　B. relative　　　　　　C. none　　　　　　D. left

2. absolute 绝对定位可使用 left、right、top、bottom 等属性进行定位,如果元素的父级没有设置定位属性,则依据 body 元素（　　　）作为参考进行定位。

    A. 右上角　　　　　B. 顶部　　　　　　　C. 左上角　　　　　D. 中心

3. z-index 属性,深度空间位置,用于调整定位时重叠块的（　　　）位置。

    A. 左右　　　　　　B. 上下　　　　　　　C. 中间　　　　　　D. 原点

4. visibility 属性用于设定对象是否显示,下列选项属于其属性值的是（　　　）。（多选）

    A. visible　　　　　B. hidden　　　　　　C. inherit　　　　　D. none

任务 10.3　DIV + CSS 布局

【案例引入】

作为通信天线装配责任人,夏立先后承担了"天马"射电望远镜、远望号、索马里护航军舰、"9·3"阅兵参阅方阵上通信设施等的卫星天线预研与装配、校准任务,装配的齿轮间隙仅有 0.004 mm,相当于一根头发丝直径的 1/20。

384 400 km,地球到月球的平均距离;0.004 mm,亚洲最大的全向转动射电望远镜——"天马"驱动系统的装配精度……这组数据,正是夏立工作的真实写照,他就是用 0.004 mm 的装配精度,让"天马"望远镜踏上了它跨越 384 400 km 的"月之旅"。面对难"活"儿,他反复攻坚,锲而不舍,以舍我其谁的信念,不达目的决不罢休! 勤学苦练的夏立,有幸参与了许多国家级重大工程中卫星天线的预研与装配。其中最难的当属上海 65 m 射电望远镜天线的装配。上海 65 m 射电望远镜,性能达到"世界第四、亚洲第一"。在该任务中,夏立主要负责方位俯仰控制装置的装配任务,该装置是控制天线转动的核心设备,直接决定了 65 m 天线的指向精度。该任务的关键在于 P2 级轴承、钢码盘的装配。要确保望远镜精准探测,安装钢码盘成为关键,齿轮间隙要有 0.004 mm,如果太小,天线转不动;大了,天线会松动。实现精确装配,夏立说最重要的是"心静",眼里、心里只有设备。拧螺丝时,屏住呼吸,手稍微重一点,会过紧,手的力量不够,达不到精度要求。要反复测算,寻找零件的移动变形量,找到规律,就容易达到装配精度要求了。3 天时间,他将托盘平面高低相差 0.02 mm 磨到相差 0.002 mm,顺利完成装配任务。

【案例分析】

对于夏立来说,每一个产品就是每一次挑战。他在自己的岗位上见证着国家通信技术的飞速发展,而在一次次攻坚克难中,凭借他的"心静",眼里、心里只有设备,才能顺利

完成任务。我们在学习 DIV + CSS 布局的同时,要学习夏立的几十年如一日,兢兢业业,
奋斗在岗位上,对事业执着、担当责任的大国工匠精神。

【主要知识点】

10.3.1　DIV + CSS 布局简介

1)DIV + CSS 布局

微课 10.2　DIV + CSS 布局

DIV 是一个容器,能够放置内容,例如:< div >内容< /div >。更准确地说,应该是用
xHTML + CSS 制作标准网页,XHTML 页面中的每一个标签对象几乎都可以称得上是一个
容器,如 div、span、p、a、ul、li、dl、dt、dd 等。div 是 XHTML 中指定的,专门用于布局设计的
容器对象。CSS 布局中,div 是这种布局的核心对象,做一个简单的布局只需要两样东西,
DIV 与 CSS 就可以了。因此 CSS 布局也称为 DIV + CSS 布局,如图 10.3.1 所示就是一个
简单的 DIV + CSS 布局。

2)DIV + CSS 布局的优点

DIV 标签是一种块级元素,更容易被 CSS 代码控制样式。DIV + CSS 布局真正的表现
与内容完全分离,代码可读性强,样式可重复应用。

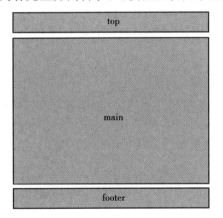

图 10.3.1　DIV + CSS 布局

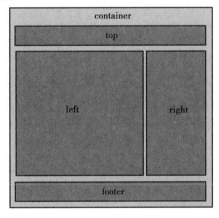

图 10.3.2　DIV + CSS 嵌套布局

3)DIV 的嵌套特点

DIV 标签具有可嵌套性,可以利用它的这一特点来实现页面复杂的排版布局。如图
10.3.2 所示就是利用嵌套 DIV 进行的布局。

例如,当设计一个网页时,首先需要有整体布局,需要产生头部、中部和底部,这需要
产生一个 DIV 嵌套的结构。

如图 10.3.2 所示,在 container 中,每个 DIV 定义了 id 名称已提供识别。可以看到 id
为 top、main、bottom 的 3 个对象,它们之间属于并列关系,一个接一个,在网页的布局结构
中如果以垂直方向布局为例,代表的是一种布局关系。而在 main 中,为了内容需要,有可

能使用左右栏的布局样式,因在 main 中增加两个 id 分别为 left 和 right 的 DIV。这两个 DIV 本身是并列关系,而它们都处于 main 中。因此它们与 main 形成了一种嵌套关系,left 和 right 被样式控制为左右显示。

网页布局则由这些嵌套的 DIV 来构成,无论多么复杂的布局方法,都可以使用 DIV 之间的并列与嵌套来实现。

10.3.2 布局的设置

在使用 div 对象布局时,同其他 HTML 对象一样,可以加入其他属性,如:id、class、align、style 等。为了实现内容与表现分离,用 CSS 布局时,不应将 align 对齐属性、style 行间样式表属性等编写在 HTML 页面的 DIV 标签中,因此,div 代码只能具有以下两种形式:

< div id = " id 名称" >

< /div >

< div class = " id 名称" >

< /div >

使用 id 属性,可以为当前这个 DIV 指定一个 id 名称,在 CSS 中使用 id 选择器样式进行编写。使用 class 属性时,在 CSS 中使用 class 选择器来进行编写。

注意:同一名称的 id 值在当前 HTML 页面中,只允许使用一次,不管是应用到 DIV 中,还是应用到其他对象的 id 中,而 class 则可以重复使用。

【课程育人】

通过对案例引入与 DIV + CSS 布局的融合学习,总结如下:

1.在学习 DIV + CSS 布局的同时,还要学习夏立的几十年如一日,兢兢业业,奋斗在工作岗位上,对事业的执着、担当、负责任的大国工匠精神。

2.在学习 DIV + CSS 布局的同时,要设计创新网页布局,不同的布局带给用户不同的感受,我们要学习夏立的精益求精、不断创新的精神。

【课堂互动】

请根据所示的 DIV + CSS 布局知识,设计一个嵌套的"湖南红色基地"网站主页布局。

任务10.4 项目实施:图书网主页布局草图设计

【案例引入】

郑板桥是清代书画家、文学家,扬州八怪之一。他自幼爱好书法,立志掌握古今书法大家的要旨。他勤学苦练,开始时只是反复临摹名家字帖,进步不大,深感苦恼。据说,有次练书法入了神,竟在妻子的背上画来画去。妻子问他这是干什么,他说是在练字。他妻子嗔怪道：人各有一体，你体是你体；人体是人体，你老在别人的体上纠缠什么？郑板桥听后，猛然醒悟到：书法贵在独创，自成一体，老是临摹别人的碑帖，怎样行呢！从此以后，他力求创新，摸索着把画竹的技巧渗在书法艺术中，最后构成了自己独特的风格——板桥体。

【案例分析】

在开始制作网页之前就要设计好网页的排版布局，即网页元素摆放的结构与位置。可用 PS 或 Word 的绘图功能来实现，郑板桥的创新精神让我们认识到，不管什么类型的网页布局，都离不开创新，创新就是给予作品新的生命，延续作品的技术内涵与精髓，达到成功。

【主要知识点】

①打开 Word 程序，新建文档，将视图调为"单页"，使用插入菜单下面的形状工具条里面的矩形（填充为空），根据页面范围绘制一个长方形代表网页的大小。效果如图 10.4.1 所示。

②在网页范围内绘制 Logo 结构区域，再绘制好网站标志区域。

③在 Logo 结构区域下绘制 Banner 旗帜广告区域，再在下面绘制导航区域，效果如图 10.4.2 所示。

④绘制左中右内容区，效果如图 10.4.3 所示。

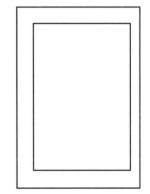

图 10.4.1　网页布局结构绘制一

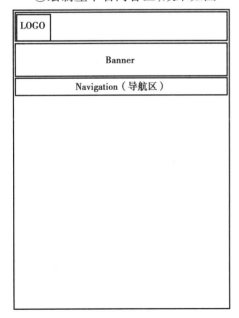

图 10.4.2　网页布局结构绘制二

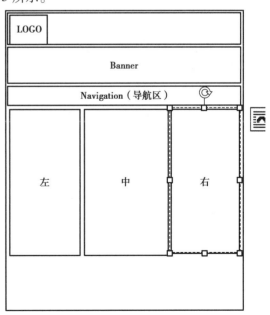

图 10.4.3　网页布局结构绘制三

⑤绘制底部友情链接与版权区域,效果如图 10.4.4 所示。

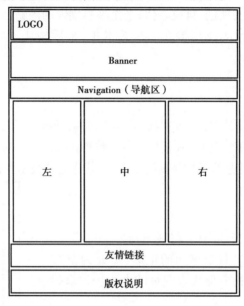

图 10.4.4　网页布局结构绘制四

【课堂互动】

请根据所学知识,设计并绘制一张"湖南红色基地"网站主页的布局结构草图。

【任务总结】

本任务用 Word 的绘图功能实现了图书网主页布局结构草图设计绘制。根据此草图,就可以制作网页的排版布局了。

技能训练

请根据所学知识设计并绘制一张个人主页的布局结构草图。

模块 11　基于 DIV + CSS 的网页布局

DIV + CSS 布局是一种非常流行的网页布局方法,它替代了原来的表格布局,只需要依赖 DIV 与 CSS,有别于传统的 HTML 网页设计语言中的代码定位方式,可实现网页页面内容与表现形式相分离,用它设计的网站,更方便被优化,更容易被收录。

【学习目标】

知识目标:

1.掌握 DIV + CSS 单列布局;

2.掌握 DIV + CSS 二列布局;

3.掌握 DIV + CSS 三列布局;

4.掌握网站主页的布局。

技能目标:

1.掌握 DIV + CSS 单列布局的能力;

2.掌握 DIV + CSS 二列布局的能力;

3.掌握 DIV + CSS 三列布局的能力;

4.掌握网站主页布局的能力。

素质目标:

1.通过对 DIV + CSS 单列布局的学习,培养学生独立思考、勇于创新的精神;

2.通过对 DIV + CSS 二列布局的学习,培养学生求实严谨和勇于创新的科学精神;

3.通过对 DIV + CSS 三列布局的学习,培养学生做事统筹全局、逻辑性强的思维能力。

任务 11.1　DIV + CSS 单列布局

【案例引入】

截至 2019 年 6 月 25 日,我国"长征"系列运载火箭已发射了 307 次,为中国航天事业的发展做出了重要贡献。2019 年 6 月 25 日 02 时 09 分,我国在西昌卫星发射中心用长征三号乙运载火箭成功发射第 46 颗北斗导航卫星。这是北斗三号系统的第 21 颗组网卫星、第二颗倾斜地球同步轨道卫星。据介绍,经过一系列在轨测试后,这颗卫星将与此前发射的 20 颗北斗三号卫星组网运行,适时提供服务,进一步提升北斗系统覆盖能力和服务性能。这次发射的北斗三号卫星和配套运载火箭分别由中国航天科技集团有限公司所属的中国空间技术研究院和中国运载火箭技术研究院研制。2019 年 11 月 23 日 8 时 55 分,长征三号乙运载火箭(及配套远征一号上面级),以"一箭双星"方式成功发射第 50、51 颗北斗导航卫星。国际上,火箭发动机使用液态或固态物质作为推进剂,而固液火箭新型发动机,因其推进剂能量较高、安全性好、易实现推力调节、可实现多次启停、稳定性好、温度敏感性低、环保性佳和经济性好的特点,十分符合下一代航天平台绿色环保、智能随控、快速响应的发展需求,我国航空科学家们一直致力于研究这种世界最前沿的技术,但在进行固液混合比例的试验中,多次遇到匹配抽样的样本不同,P 值检验结果相悖的问题始终得不到解决,科学家们没有因此放弃,最后基于 P 值检验的结论,结合区间估计获得成功。

【案例分析】

从案例中可以看出,我国航天科研工作者求实严谨和勇于创新的科学精神。我们始终要用发展联系的观点看问题,保持自己独立的思维,培养独立思考、勇于创新和敢于说"不"的精神,应该避免主观、片面、孤立、静止地看待问题,这些是我们民族乃至人类发展的灵魂。

【主要知识点】

11.1.1　一列固定宽度布局

一列固定宽度布局是指网页的布局用一列固定尺寸的 DIV 来完成。在 DIV + CSS 布局中,一列固定宽度布局是最基础的布局,用在布局要求简单、网页元素较少的网页中,如个人主页、新品介绍、专项推荐等网页布局。案例 11.1.1 由于是固定宽度布局,将宽度属性与高度属性分别设为 width：300 px；height：200 px。

微课 11.1　一列固定宽度布局

案例【11.1.1】一列固定宽度布局设置

①启动 Dreamweaver CC 2019 新建"layout"网站,新建 11-1-1. html 文件,双击进入该文件编辑页面区域,选择 CSS 设计器,单击源附近的"＋"号,创建新的样式文件"layout. css",并在 layout. css 文件内建立"container"ID 样式。

②"container"样式代码如下：

```
#container {
text-align：center;
height：300px;
width：200px;
background-color：#0000FF;
border：1px solid #F00;
}
```

③在"11-1-1. html"主页的 < body > </body > 标签中,输入 < div > </div > 标签,在 < div > 首标签中引用 ID"container"样式,网页代码如下：

```
<! doctype html >
<html >
<head >
<meta charset = " utf - 8 " >
<title >一列固定宽度布局 </title >
<link href = " layout. css " rel = " stylesheet "
type = " text/css " >
</head >
<body >
<div id = " container " > </div >
</body >
</html >
```

效果如图11.1.1所示。

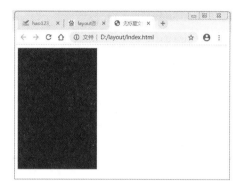

图11.1.1　一列固定宽度布局

11.1.2　一列自适应宽度布局

自适应宽度布局是网页布局排版中经常用到的一种布局方式,这种布局能够自动根据浏览器窗口的大小改变它的宽度和高度,是一种非常实用的布局方式。制作一列自适应布局非常简单,只需要将固定值的宽度改为百分比值的表现形式就可以了。利用自适应布局方式制作的网站对不同分辨率的显示器都能提供支持而显示最好的效果。

<div > </div >标签默认浏览状态是宽度为100%的自适应布局表现形式,它占据了页面整行空间。如案例11.1.2,宽度值设为50%,则该DIV块在浏览器占页码一半的宽度。

案例【11.1.2】一列自适应宽度布局设置

①进入"layout"网站,新建11-1-2. html文件,双击进入该文件编辑页面区域,选择CSS设计器,单击源附近的"+"号,附加现有样式文件"layout. css",新建"container1"ID样式。

②样式代码如下:

```
#container1 {
text-align： center;
height： 300px;
width:50% ;
background-color： #0000FF;
border:1px solid #F00;}
```

③在11-1-2. html子页的 < body > </body >标签中,输入 < div > </div >标签,在< div >首标签中引用ID"container1"样式。网页代码如下:

```
<! doctype html >
<html >
```

```
< head >
< meta charset = " utf – 8 " >
< title > 自适应宽度布局 </title >
< link href = " layout. css " rel = " stylesheet "
type = " text/css " >
</head >
< body >
    < div id = " container1 " > </div >
</body >
</html >
```
效果如图 11.1.2 所示。

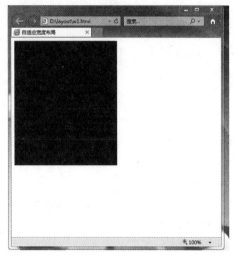

图 11.1.2　一列自适应宽度布局

11.1.3　一列固定宽度居中布局

现在的网页基本上都是采用页面整体居中的方式,整体居中符合人们的视觉习惯,推广效果好,是一种受欢迎的布局表现方式,在 DIV + CSS 布局中一般采用将 margin 属性的左右值设为"auto"(自动)来实现。一列固定宽度居中布局是指将一列固定宽度的 DIV 的 margin 属性的左右值设为"auto"来进行布局。

案例【11.1.3】一列固定宽度居中布局设置

①进入"layout"网站,新建 11-1-3. html 文件,双击进入该文件编辑页面区域,选择 CSS 设计器,单击源附近的" + "号,附加现有样式文件"layout. css",新建"container2"ID 样式。

②在 11-1-3. html 子页的 < body > </body > 标签中,输入 < div > </div > 标签,在 < div > 首标签中引用 ID"container2"样式,样式代码如下:

```
#container2 {
text-align: center;
height: 300px;
width:50% ;
background-color: #0000FF;
border:1px solid #F00;
margin:0px auto; }
```
③网页代码如下:

```
< ! doctype html >
< html >
< head >
< meta charset = " utf – 8 " >
< title > 一列固定宽度居中 </title >
< link href = " layout. css " rel = " stylesheet " type = " text/css " >
```

```
</head >
< body >
    < div id = " container2 " > </div >
</body >
</html >
```

效果如图 11.1.3 所示。

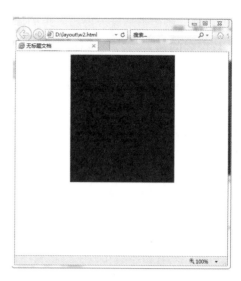

margin 属性用于控制对象的上、右、下、左四个方向的外边距。当 margin 使用两个参数时,第一个参数表示上下边距,第二个参数表示左右边距。除了直接使用数值之外,margin 还支持 auto(自动)值。auto 值能让浏览器自动判断边距。在这个案例里,我们给 DIV 的左右边距设为 auto,浏览器就会将 DIV 的左右边距设为相同,并处于浏览器中居中状态,从而

图 11.1.3　一列固定宽度居中布局

实现了布局居中效果。操作步骤和一列固定宽度差不多,只是在 CSS 边框设置项一次性完成,将边界的上、右、下、左分别设置为 0、auto、0、auto。要注意的是,这种居中方法对于 IE6 以下浏览器是不支持的。

【课程育人】

通过对案例引入与 DIV + CSS 网页布局的融合学习,总结如下:

1. 在对 DIV + CSS 网页布局学习的同时,提升学生的民族自信自豪感,引起爱国情感共鸣,让学生切身体会数据分析和严谨求实态度的相辅相成,意识到数据工作的严谨性和客观性,尤其是对于国家经济社会发展的重要性,使学生养成严谨的工作作风,树立实事求是的科学态度。

2. 分析问题时避免主观、片面、孤立、静止地看待问题,要从事物的联系、变化、全面地看问题,树立正确的人生观、价值观和世界观。

【课堂互动】

请在“湖南红色基地”网站主页中练习一列布局中一列固定宽度布局、一列自适应宽度布局、一列固定宽度居中布局三种布局方式。

任务 11.2　DIV + CSS 二列布局

【案例引入】

辽宁号航空母舰,隶属中国人民解放军海军,是可以搭载固定翼飞机的航空母舰,也

是中国第一艘服役的航空母舰。我们许多人惊叹于辽宁号设计的精密与系统的强大,其实,辽宁舰的强大,大多要归功于这艘航空母舰的设计师们,其中,我们不得不提到的,便是辽宁舰的总设计师——朱英富。朱英富,中国著名舰艇设计及造船专家,中国海军国防中多种现代化舰艇的总设计师,包括引起世界关注的辽宁号航空母舰。1996 年,朱英富担任新一代两型驱逐舰 052C 型驱逐舰总设计师。这款舰艇先后参加过中俄联合军演、中国人民解放军海军访问欧洲四国、首批赴索马里海域执行国际护航任务等,标志着中国成为世界上继美国、苏联(今俄罗斯)之后第三个能自主研制国产化编队区域防空型驱逐舰的国家。1990 年,朱英富担任 F25T 型护卫舰工程总设计师,该型号出口泰国,使中国一跃成为世界新型护卫舰主要出口国之一。虽然相当长一段时间内我国在航母建造上没有实质性动作,但是与航母相关的各种预研其实一直在进行,所以,辽宁舰不是一蹴而就的,之前大量预研打下了坚实的基础。朱英富说,2003 年瓦良格号被拖到大连时,几乎就是个空壳子,只有船体和几台主机。利用瓦良格号的船体续建航母。“我们刚开始也不知道怎么办,因为之前从来没接触过航母设计,也没有任何图纸参考。”“瓦良格号到我们手上时就像是一栋‘烂尾楼’,我们必须要完工,而且还要建得满足我们的需要。”“我们在研制驱逐舰、护卫舰中积累的经验,为续建辽宁舰积累了许多经验,特别是在电子电气设备上。”朱英富终于为我国造出了第一艘真正意义上的航母。

【案例分析】

朱英富总设计师的毅力与对专业精益求精的精神,令我们感动不已,正是因为有朱先生这样的人在,才能有我们祖国日益强大的未来! 我们要顺应时代需求,始终保持脚踏实地、执着向前的精气神,“勇敢地站出来,以青春之我创建青春之国家、青春之民族!”

【主要知识点】

11.2.1　二列固定宽度居中布局

在一列固定宽度布局中,为了使 DIV 达到居中显示效果,必须要对 margin 进行 margin:0px auto 这样的设置,而二列固定宽度居中布局中,既需要二列都放中间,又需要左分栏的左边与右分栏的右边宽度相等,因此按照原来的使用 margi:0px auto 就不能够达到要求了。此时应该用到 DIV 的嵌套布局技术,可以先用一个大的 DIV 作为容器居中放置,然后将二列分栏的两个 DIV 放在这个大的 DIV 容器中,从而实现二列的居中效果。

案例【11.2.1】二列固定宽度居中布局

①新建“layout1”网站,新建 11-2-1. html 文件,双击进入该文件编辑页面区域,选择 CSS 设计器,单击源附近的“＋”号,新建样式文件“layout. css”,新建“container”ID 样式、“left”ID 样式、“right”ID 样式。

#container{

width:764px;

```
margin-left：auto；
margin-right：auto；
position：relative；
margin-top：0px；
background-color：#0646F5；
height：300px；
}
#left{width:400px；
height:300px；
float:left；
margin-top:0px；
margin-left:0px；
border:1px #00f solid；
background-color:#E9B603}
#right{
    width:360px；
height:300px；
float:right；
margin-top:0px；
margin-left:0px；
border:1px #00f solid；
background-color:#00FF05
}
```

②在11-2-1.html页的 < body > < /body >标签中,输入 < div > < /div >标签,在 < div >首标签中引用ID"container"样式。再在这对 < div >标签之间输入两对 < div > < /div >标签,并分别引用ID"left"与"right"样式。代码如下:

```
< ! doctype html >
< html >
< head >
< meta charset = " utf – 8 " >
< title >二列固定宽度居中布局 < /title >
< link href = " layout. css " rel = " stylesheet " type = " text/css " >
< /head >
< body >
    < div id = " container " >
    < div id = " left " > < /div >
    < div id = " right " > < /div >
```

```
        </ div >
    </ body >
    </ html >
```

效果如图 11.2.1 所示。

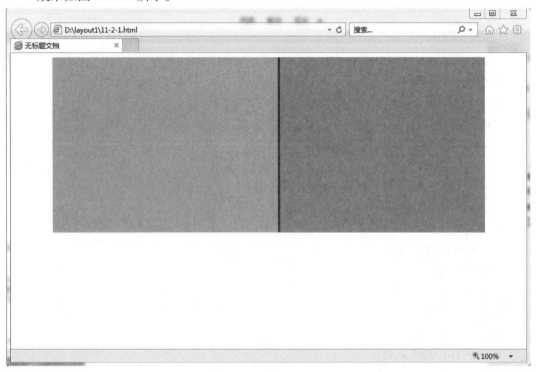

图 11.2.1　二列固定宽度居中布局

因为#container 居中,里边的内容随之居中。这里将#container 的宽度设为 764 px,left 的宽度为 400 px,right 宽度为 360 px,但因为边距为 1 px 宽度,所以 left 的宽度实际是 402 px,right 宽度实际是 362 px,container 宽度至少要为这二者之和或更宽,才能作为容器装下它们,实现二列居中显示效果。一般 width 是不包含 border 的宽度,DIV 默认 border 为 0,如果布局时没有使用 border 属性就不用计算边框宽度。如果有 border 属性,如:border: 1px #000 solid,布局时就要减去边框宽度。

11.2.2　二列宽度自适应布局

制作二列自适应布局跟一列自适应布局一样,只要将宽度改为百分比值的表现形式就可以了。

左栏宽度设置为宽度 30%,右栏宽度设置为宽度的 60%。在网页布局中,这样的设置通常左侧为标题栏或导航栏,右侧为主要内容或广告区域。

微课 11.2　二列宽度自适应布局

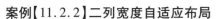

案例【11.2.2】二列宽度自适应布局

①新建"layout1"网站,新建 11-2-2. html 文件,双击进入该文件编辑页面区域,选择 CSS 设计器,单击源附近的"＋"号,附加"layout1"样式文件,新建"container"ID 样式、"left"ID 样式、"right"ID 样式。

```
#container{
width：764px；
margin-left：auto；
margin-right：auto；
position：relative；
margin-top：0px；
background-color：#0646F5；
height：300px；
}
#left {
background-color：#00F；
border：2px solid       #F00；
    float：left；
    height：300px；
width:30% ;}
#right {
background-color：#0FF；
border：2px solid #F0F；
float：left；
height：300px；
width:60% ;}
```

②在 11-2-2. html 页的 < body > < /body > 标签中,输入 < div > < /div > 标签,在 < div > 首标签中引用 ID"container"样式。再在这对 < div > 标签之间输入两对 < div > < /div > 标签,并分别引用 ID"left"与"right"样式。代码如下:

```
< ! doctype html >
< html >
< head >
< meta charset = " utf - 8 " >
< title > 二列宽度自适应 < /title >
< link href = " layout. css " rel = " stylesheet " type = " text/css " >
< /head >
< body >
    < div id = " container " >
```

```
< div id = " left " > < / div >
< div id = " right " > < / div >
< / div >
< / body >
< / html >
```

效果如图 11.2.2 所示。

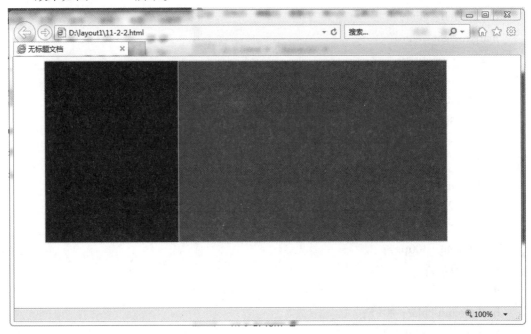

图 11.2.2 二列宽度自适应布局

注意:因为两个对象都具有 2 px 的边框,占据了总宽度的 4 px,所以这里没有使用100% 的宽度之和。

【课程育人】

通过对案例的引入与 DIV + CSS 二列宽度自适应布局、二列固定宽度布局的学习,总结如下:

1. 在学习 DIV + CSS 二列宽度自适应布局、二列固定宽度布局的同时,学习朱英富总设计师的毅力与对专业精益求精的精神。

2. 在学习网页布局的同时,我们要顺应时代需求,积极接受祖国挑选,始终保持脚踏实地、执着向前的品质。

【课堂互动】

请在"湖南红色基地"网站主页中练习 DIV + CSS 二列自适应宽度布局、二列固定宽度布局两种布局方式。

任务 11.3 DIV + CSS 三列布局

【案例引入】

吴光辉,中国工程院院士、飞机设计专家,长期从事飞机设计工作。2001 年,任空警 2000 预警指挥机总设计师,作为全机技术状态、安全、交付、综合保障和载机的第一技术责任人,主持气动布局、航向增稳、结构强度、大型天线罩体等多项技术攻关,打破了霸权主义的封锁和禁运,实现了我军该型装备从无到有、达到世界先进水平的历史性突破。2007 年,个人获得中共中央、国务院、中央军委授予的"XXX 工程重大贡献奖"及金质奖章。2005—2008 年,任 ARJ21 飞机总设计师,领导完成国内首次按照国际民航规章自行研制、具有自主知识产权的喷气式客机的设计。2008 年至今,任 C919 大型客机总设计师,提出设计理念与指导思想,制定具有国际竞争力的总体方案,主持完成以新一代超临界机翼、全电传、飞控系统、集成模块化航电系统和第三代铝锂合金为代表的先进干线飞机研制,突破了多项国外限制对华出口的技术难题。首架机于 2017 年 5 月 5 日圆满首飞,走出了一条拥有完全自主知识产权的民机研制的正向设计之路。

【案例分析】

吴光辉院士为我国的大飞机研制成功做出了杰出的贡献。他的理念创新、设计创新的创新思维,刻苦求学、迎难而上的奋斗精神,精益求精、严谨务实的工匠精神值得我们学习。

【主要知识点】

三列布局的特点是,中间那列是重点区域,重要的内容都安排在那里,因为浏览网页时页面中间位置一般是视觉中心点,容易吸引浏览者的视线,然后才是左右两侧的内容。

11.3.1 三列固定宽度布局

三列固定宽度布局需要有一个大的容器,再嵌套小的容器进行布局。前面已经讲过二列自适应布局,三列固定宽度布局就是在二列自适应基础上添加一个 DIV 大容器,将这个 DIV 的宽度设置好就可以了。

案例【11.3.1】三列固定宽度布局

①新建"layout2"网站,新建 11-3-1. html 文件,双击进入该文件编辑页面区域,选择 CSS 设计器,单击源附近的" + "号,新建"layout2"样式文件,新建"container"ID 样式、"left"ID 样式、"right"ID 样式和"center"ID 样式。代码如下:

```
#container {
width:766px;
```

```
margin：0 auto；
position：relative；
}
#left {
background：#00F；
height：300px；width：250px；
border：1px solid #F00；
float：left；}
#right { background：#0FF；
height：300px；width：250px；
border：1px solid #F0F；
float：right；}
#center { background：#0F0；
width：260px；height：300px；
margin：0 auto；
position：relative；}
```

②在 11-3-1. html 页的 < body > < /body > 标签中，输入 < div > < /div > 标签，在 < div > 首标签中引用 ID"container"样式。再在这对 < div > 标签之间输入三对 < div > < /div > 标签，并分别引用"left"样式、"right"样式与"center"样式。代码如下：

```
< ！doctype html >
< html >
< head >
< meta charset = " utf – 8 " >
< title > 无标题文档 < /title >
< link href = " layout2. css " rel = " stylesheet " type = " text/css " >
< /head >
< body >
< div id = " container " >
< div id = " left " > 左列 < /div >
< div id = " right " > 右列 < /div >
< div id = " center " > 中列 < /div >
< /div >
< /body >
< /html >
```

效果如图 11.3.1 所示。

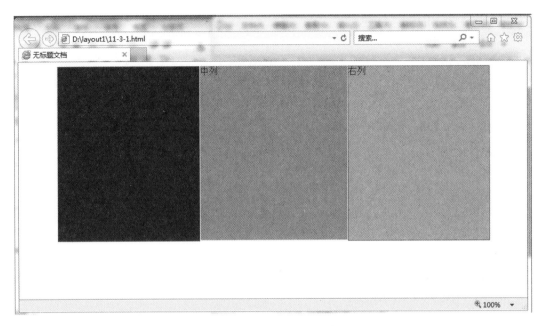

图 11.3.1　三列固定宽度布局

11.3.2　三列浮动中间列宽自适应布局

三列浮动中间列宽自适应一般是一栏在左边显示,其宽度是固定的,一栏在右边显示,宽度也是固定的,中间那栏则根据左右栏的宽度及间距变化自动适应。在这里就需要用到 position "绝对定位"来实现,即把对象的定位设为 position:absolute,对象不受文档流约束,重新根据页面位置定位。并且可以使用 top,right,bottom,left 即上、右、下、左四个方向的距离值,以确定对象的具体位置,使用 3 个 DIV 就能形成三个分栏结构。

案例【11.3.2】三列浮动中间列宽自适应布局

①进入"layout2"网站,新建 11-3-2. html 文件,双击进入该文件编辑页面区域,选择 CSS 设计器,单击源附近的"＋"号,创建新的样式文件"layout3. css",新建"container"ID 样式、"left"ID 样式、"right"ID 样式、"center" ID 样式。代码如下:

#container {

position:absolute;　　/* 定位设置为 absolute,意味着对象浮在网页之上,设置对象的 top,right,bottom,left 即可 */

　　　top:10px; /* 离浏览器上边距为 10px */

　　　left:200px; /* 离浏览器左边距为 200px */

width:766px;}

#left { background-color: #E8F5FE;

border: 1px solid #A9C9E2;

height: 300px;

width: 250px;

```
position：absolute；
top：0px；
    left：0px；}
  #right {
background-color：#F5E50B；
border：1px solid #F9B3D5；
height：300px；
width：250px；
position：absolute；
top：0px；
right：0px；}
#center {
background-color：#31BCE7；
border：1px solid #A5CF3D；
height：300px；
    margin-right：252px；  /*  右边让出252px的自适应宽度 */
    margin-left：252px；/*  左边让出252px的自适应宽度 */
}
```

②在11-3-2.html页的 < body > < /body > 标签中输入 < div > < /div > 标签,在 < div > 首标签中引用ID"container"样式。再在这对 < div > 标签之间输入三对 < div > < /div > 标签,并分别引用ID"left"样式、"right"样式与"center"样式。代码如下：

```
< ! doctype html >
< html >
< head >
< meta charset = " utf – 8 " >
< title > 三列浮动中间列宽度自适应 < /title >
< link href = " layout3. css " rel = " stylesheet " type = " text/css " >
< /head >
< body >
    < div id = " container " >
    < div id = " left " > 左列 < /div >
< div id = " center " > 中列 < /div >
< div id = " right " > 右列 < /div >
< /div >
< /body >
< /html >
```

效果如图11.3.2所示。

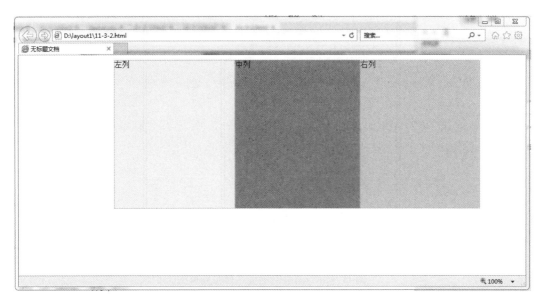

图 11.3.2　三列浮动中间列宽自适应布局

【课程育人】

通过对案例引入与 DIV + CSS 三列固定宽度布局、三列浮动中间列宽自适应布局的融合学习,总结如下:

1. 在学习 DIC + CSS 布局时,要学习吴光辉院士的创新精神,不管是学习中还是实践中,创新意识非常重要,关系到个人的职业前途和产业的生存。

2. 学习网页布局,遇到浮动、边距、定位问题时,要像吴院士一样细心严谨、精益求精,在新知识的学习上刻苦求学、迎难而上。

【课堂互动】

请在"湖南红色基地"网站主页中练习 DIV + CSS 三列固定宽度布局、三列浮动中间列宽自适应布局两种布局方式。

任务 11.4　项目实施:图书网主页的三列布局

本任务利用 DIV + CSS 三列布局进行起点图书网主页布局实践操作,来详细讲解网页布局中所需用到的技术与方法,让我们学会网页 DIV + CSS 布局的方法。

【主要知识点】

①绘制出图书网主页三列布局草图。该网页结构分为上中下三部分,即页头(网站标志与旗帜广告区)、中间主体内容(左中右三列排版)、页尾(版权区)。效果如图 11.4.1 所示。

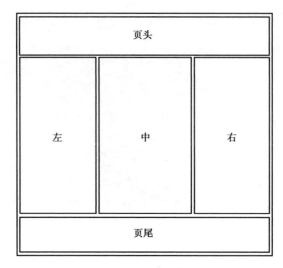

图 11.4.1　图书网主页三列布局草图

②启动 Dreamweaver CC 2019,新建 Library 网站,包含 images 和 css 文件夹,分别用来存放图片素材和网页中要用到的外部样式表文件。新建 Index. html 首页,双击 Index. html 文件进入首页文件编辑区域。选择 CSS 设计器,单击源附近的"＋"号,创建新的样式文件"library. css",并在 library. css 文件内建立"container"ID 样式。

"container"样式代码如下:

```
#container {
    width: 780px;
    margin-left: auto;
    margin-right: auto;
    position: relative;
}
```

③在"index. html"主页的 < body > </body > 标签中输入 < div > </div >标签,在< div >首标签中引用 ID"container"样式,网页代码如下:

```
<! doctype html >
< html >
< head >
< meta charset = " utf - 8 " >
< title > 图书网主页布局 </title >
< link href = " library. css " rel = " stylesheet " type = " text/css " >
</head >
< body >
< div id = " container " > </div >
</body >
</html >
```

效果如图11.4.2所示。

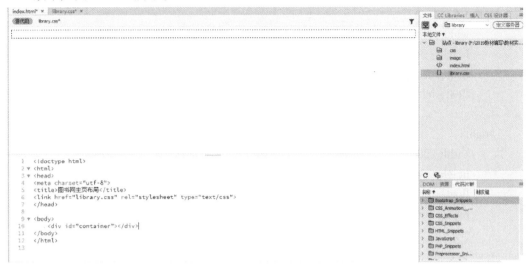

图11.4.2　图书网主页布局(一)

④在 library. css 文件内建立"logo"ID 样式。

"logo"样式代码如下：

#logo｛

　　width：780px；

　　height：100px；

　　margin：0px auto 0px auto；

　　background-color：#00FFFF；

｝

⑤在引用 ID"container"样式的＜div＞标签之间输入＜div＞＜/div＞标签，并引用 ID "logo"样式。源代码如下：

＜body＞

＜div id＝" container "＞

＜div id＝" logo "＞＜/div＞

＜/div＞

＜/body＞

效果如图11.4.3所示。

图11.4.3　图书网主页布局(二)

⑥新建"left"ID 样式、"right"ID 样式、"center"ID 样式。代码如下：

```
#left{
    width：200px；
    height：300px；
    background-color：#FF0000；
    float：left；
}
#right{
    width：200px；
    height：300px；
    float：right；
    background-color：#0000FF；
}
#center{
    width：380px；
    height：300px；
    margin-left：auto；
    margin-right：auto；
    background-color：#00FF00；
}
```

⑦在源代码视图引用 Logo 样式的 div 标签下面连续插入三对 < div > < /div > 标签，并依次引用"left""right""center"样式。源代码如下：

```
< body >
    < div id = "container" >
        < div id = "logo" > < /div >
            < div id = "left" > < /div >
                < div id = "right" > < /div >
                    < div id = "center" > < /div >
        < /div >
< /body >
```

效果如图 11.4.4 所示。

⑧在 library.css 文件内建立"footer"ID 样式。

"footer"样式代码如下：

```
#footer{
    width：780px；
    height：100px；
    margin：0px auto 0px auto；
    background-color：#F800FF；
}
```

图11.4.4　图书网主页布局（三）

⑨在源代码视图加入一对＜div＞＜/div＞标签，并引用"footer"样式，源代码如下：

```
＜body＞
    ＜div id＝"container"＞
        ＜div id＝"logo"＞＜/div＞
            ＜div id＝"left"＞＜/div＞
                ＜div id＝"right"＞＜/div＞
                    ＜div id＝"center"＞＜/div＞
                        ＜div id＝"footer"＞＜/div＞
    ＜/div＞
    ＜/body＞
```

效果如图11.4.5所示。

图11.4.5　图书网主页布局（四）

技能训练

请在绘制"湖南红色基地"网站主页布局草图的基础之上,用 DIV + CSS 技术完成主页的布局制作。

模块 12　基于 DIV + CSS 的主页制作

DIV + CSS 是网站布局与排版的一个重要方法,几乎所有网站都采用这种方法制作网页。DIV + CSS 布局符合 W3C 制定的标准,能实现结构、样式和行为的分离,代码结构简单清晰,易纠错,所耗流量少,方便搜索引擎的实行。

【学习目标】

知识目标:

1. 掌握 DIV + CSS 网页布局知识;

2. 掌握 DIV + CSS 网页布局制作方法;

3. 掌握导航条制作方法;

4. 掌握网页文字排版的方法。

技能目标:

1. 了解 DIV + CSS 网页布局知识的能力;

2. 掌握 DIV + CSS 网页布局制作的能力;

3. 掌握导航条制作的能力;

4. 掌握网页文字排版的能力。

素质目标:

1. 通过对 DIV + CSS 网页布局基础的学习,培养学生创新思维意识;

2. 通过对“好逸来”书城主页布局制作的学习,培养学生规划统筹全局、重视团队合作,从事物的联系、变化等方面全面看问题的能力;

3. 通过对“好逸来”书城主页导航条制作的学习,培养学生严谨的工作作风,树立实事求是的科学态度;

4. 通过对“好逸来”书城主页文字排版的学习,培养学生切身体会数据分析和严谨求实态度的相辅相成,意识到信息工作严谨性和客观性,使学生养成严谨的工作作风,树立实事求是的科学态度。

任务 12.1　“好逸来”书城主页布局制作

【案例引入】

在目前的 5G 技术领域,华为可以说掌握着最尖端的技术,而其同时也是全球最大的 5G 设备制造商之一。华为 5G 设备之所以能在某些国家广受欢迎,其原因主要有二:一是华为在 5G 领域的技术拥有绝对统治力,其掌握的技术专利数量在 5G 业界排名第一,同时也成功打破了以高通为首的欧美企业对国际通信领域的垄断局面,成为名副其实的中国骄傲。二是华为凭借国内更低的人力、物力成本,在价格方面具有得天独厚的优势,由于设备采购基数大,价格优势在5G时代的竞争力尤其明显。

【案例分析】

华为公司是一家集通信设备生产和销售的科技公司,拥有专业、强大的研发队伍,在信息与通信技术方面处于全球领先的地位。它是中国手机5G的领跑者,开创了中国手机5G的发展史,也是我国第一家自主研发手机移动中央处理器的公司,它拥有独立的操作系统,被称为中国人自己的手机。公司坚持以客户需求为导向,不断创新,敢为人先,勇于进取,致力于走向现代化、国际化,争创世界一流品牌的精神激励着我们勇于探索、刻苦学习,是我们前进的动力。

【主要知识点】

12.1.1 根据需求进行主页布局规划

网页布局首先要弄清楚网页采用哪种布局方式、选取哪种版式结构、文字怎样排列定位等方案后,再制作出页面的布局规划草图。效果如图 12.1.1 所示。

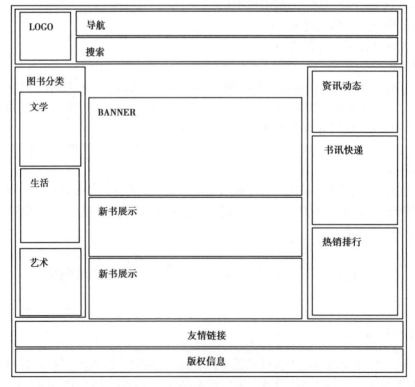

图 12.1.1 "好逸来"书城主页布局草图

12.1.2　建立 Library 网站

启动 Dreamweaver CC 2019,新建 Library 网站,包含 images 和 css 文件夹,分别用来存放图片素材和网页中要用到的外部样式表文件。创建 Index. html 主页,双击 Index. html 文件进入主页文件编辑区域。效果如图 12.1.2 所示。

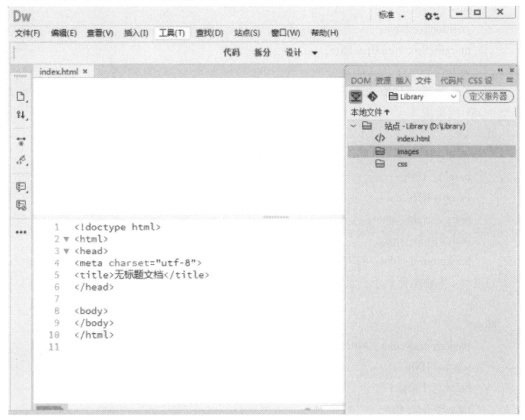

图 12.1.2　建立 Library 网站

12.1.3　主页的 DIV + CSS 布局制作

1)新建样式文件

进入 CSS 设计器面板,单击源旁边的小加号" + ",创建新的 CSS 文件"Library. css",存放在 CSS 文件夹中。Index 页源代码 < head > </head >中出现如下代码:

微课 12.1　主页布局制作

" < link href = " css/library. css " rel = " stylesheet " type = " text/css " > "

在 Library. css 样式文件建立所需样式,也可在 Dreamweaver CC 程序中进入 CSS 设计器界面新建样式。第一个样式". body"是类样式,用于控制网页的整体风格,其余样式都是 ID 样式,用于控制页面 div 的布局排版样式。每个 div 套用一个 ID 样式,一个 ID 样式只能用一次。代码如下：

```
. body{margin：0px；
       padding:0px；
       font-size:12px；
       font-family："宋体"；}
#container{
       position:relative；
       margin:0px auto 0px auto；
       width:960px；
       /* 这里不设高度是因为无法预知具体高度，但每放一个div进去，它会自动撑
高这个div的高度  */}
#header{
       width：960px；
       height：100px；
       margin-left：auto；
       margin-right：auto；
       margin-top：0px；
       background-color：#F75C5C；       /* 可以不设，主要是用来看布局效果，输入
网页内容时，要删掉背景色。后面的类似 */
       }
#logo{
       background-color：#0ff；
       width：100px；
       height：100px；
       margin-left：0px；
       margin-top：0px；
       float：left；}
#headerright{
       background-color：#ff0；
       width：860px；
       height：100px；
       margin-right：0px；
       margin-top：0px；
       float：right；}
#Navigation{
       background-color：#0CFB5B；
       width：860px；
```

```
        height：50px；
        margin-left：auto；
        margin-right：auto；
        margin-top：0px；}
#search{
        background-color：#FF0047；
        width：860px；
        height：50px；
        margin-left：auto；
        margin-right：auto；
        margin-bottom：0px；}
#left{  position：absolute；
        width：200px；
        height：400px；                /* 高度值要根据实际内容来定   */
        background-color：#F89F0C；
        margin-top：0px；
        margin-left：0px；
        margin-right：754px；}
#right{  position：absolute；
        width：300px；
        height：400px；                /* 高度值要根据实际内容来定   */
        margin-top：0px；
        margin-right：0px；
        margin-left：660px；
        background-color：#310DE7；}
#center{
        position：absolute；
        width：460px；
        height：400px；                /* 高度值要根据实际内容来定   */
        margin-top：0px；
        margin-right：300px；
        margin-left：200px；
        background-color：#59FF00；
        clear：both；}
#friendly{ width：960px；
        height：50px；
        margin-left：auto；
```

```
        margin-right: auto;
        margin-top: 400px;      /* 此处表示离 Navigation 的距离为 400px    */
        margin-bottom: 0px;
        background-color: #FF0C39;}
#footer{    width: 960px;
        height: 100px;
        margin-left: auto;
        margin-right: auto;
        margin-top:0px;                     /* 此处表示离 friendly 的距离为 0px */
        margin-bottom: 0px;
        background-color: #DF08FC;}
```

2）网页源代码设置

①在 12-2-1.html 页的 < body > </body > 标签中的首标签中引用". body"类样式,输入 < div > </div >标签,在 < div >首标签中引用"container"ID 样式。

②在引用"container"ID 样式的 < div > 标签之间输入 6 对 < div > </div > 标签,并分别引用"header""left""right""center""frendly""footer"样式。

③在"header"标签里面又输入两对 < div >标签,分别引用"logo""headerright"样式。

④在"headerright"标签里面又输入两对 < div >标签,分别引用"Navigation""search"样式。

网页源代码如下:

```
<! doctype html >
< html >
< head >
< meta charset = "utf-8">
< title >网页 div + css 布局 </title >
< link href = "css/Library. css" rel = "stylesheet" type = "text/css" >
</head >
< body   class = "body" >
< div id = "container" >
   < div   id = "header" >
     < div   id = "logo" > </div >
       < div id = "headerright" >
       < div id = "Navigation" > </div >
       < div id = "search" > </div >
       </div >
   </div >
</div >
< div id = "left" > </div >
```

```
< div id = " right " > </div >
< div id = " center " >
< div id = " banner " > </div >
</div >
< div id = " friendly " > </div >
< div id = " footer " > </div >
</div >
</body >
</html >
```

效果如图 12.1.3 所示。

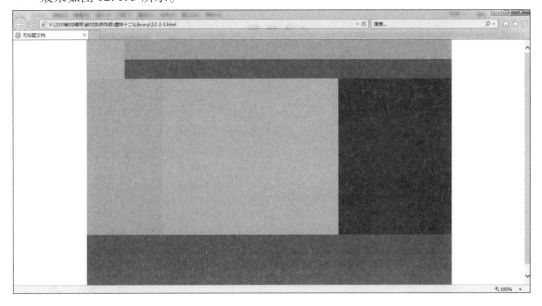

图 12.1.3 "好逸来"书城主页的布局

【课程育人】

通过对案例引入与 DIV + CSS 网页布局基础知识的融合学习,总结如下:

在进行网页布局时,分析问题要避免主观、片面、孤立、静止地看待问题,要从事物的联系、变化等方面全面地看问题,树立正确的人生观、价值观和世界观。

【课堂互动】

请用 DIV + CSS 技术制作"湖南红色基地"网站主页的网页布局。

任务 12.2 "好逸来"书城主页导航条制作

【案例引入】

如果一个人办了一家华为这样的企业,却把绝大部分的股份给了员工,自己只留下1%。你说员工是什么感觉?这不是假设,这就是华为创始人、总裁任正非已经实现的事。华为遍布全球的17.8万员工,两种感觉是肯定有的——认同感和归属感。华为的理想是高的,它不满足于普通的"好",而是"0.01秒的进境都值得追求",是以奥运金牌的标准衡量自我。要实现如此卓越的目标,最关键的是什么?是人,是由一个个有认同感和归属感的人组成的团队。让他们在组织上有归属感、工作上有荣誉感、生活上有幸福感,这就是华为的答案。始终相信一句话:被激励的人心,会凝成最好的战斗力。

【案例分析】

华为的成功离不开团队的支持,它给员工提供认同感和归属感,让员工以公司为家,让他们在组织上有归属感、工作上有荣誉感、生活上有幸福感。重视、关心团队成员,这就是华为成功的诀窍。我们在制作网页开发项目时,也要学会规划、统筹全局、重视团队能力。

【主要知识点】

导航条是网页制作中必备的一个模块,它通过 DIV + CSS 排版的方法与技巧,再加上超链接功能的实现,起到网页导航的作用,能够使网站的访问者从浩瀚的互联网信息海洋中快速找到自己所需要的信息,是人们浏览网站时可以从一个页面跳到另一个页面的便利通道。它的结构可以是横向的,也可以是竖向的。导航条的设计一定要简洁、明了、直观,这样才能让用户快速找到自己想要的有效信息。

微课 12.2　主页导航制作

导航条是怎么制作的呢? 一般是在 DIV + CSS 布局的基础上用无序列表和复合样式来进行制作。

12.2.1 无序列表

1)概念

无序列表就是没有特定顺序的列表项的集合。在无序列表中,每个列表项处于一种并列关系,没有先后顺序之分。

基本语法:

<ul>

```
<li>列表项 1</li>
<li>列表项 2</li>
……
<li>列表项 n</li>
</ul>
```

2)应用

无序列表可以用来排版文字,导航文字就是用它来排列的。

案例【12.2.1】"好逸来"书城主页导航文字的制作

在网页源代码中找到引用导航样式的 DIV 标签:< div id = " Navigation " > </div >,在这对 DIV 标签之间输入无序列表标签与列表项目内容。代码如下:

```
< div id = " Navigation " >
< ul >
< li > < a href = "#" > 首页 </a> </li>
< li > < a href = "#" > 新品特惠 </a> </li>
< li > < a href = "#" > 闲情雅趣 </a> </li>
< li > < a href = "#" > 好书推荐 </a> </li>
< li > < a href = "#" > 特价书籍 </a> </li>
< li > < a href = "#" > 畅销榜 </a> </li>
< li > < a href = "#" > 读者热评 </a> </li>
< li > < a href = "#" > 期刊预告 </a> </li>
</ul>
</div>
```

效果如图 12.2.1 所示。

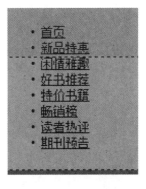

图 12.2.1　"好逸来"书城主页导航文字的排列

12.2.2　复合样式

复合样式的表达方式是把外层标签名写在前面,然后接空格,再接内层标签名,再接属性值。这里可以看出属性值是父子二级标签所共享的。

格式如下:

父级 子级{属性:属性值;属性:属性值;}

案例【12.2.2】"好逸来"书城主页导航的 CSS 复合样式应用

①光标定位在< ul >标签里,进入 CSS 设计器,单击选择器旁边的" + "号,下面会自动出现"#topright #Navigation ul"样式,如图 12.2.2 所示。样式文件也会自动出现"#topright #Navigation ul {}"(前面的#topright 可以在样式文件里去掉。这一步也可以直接在样式文件里面输入样式代码)。

②单击选择器,在下面的属性面板设置 UL 标签的 CSS 样式,代码如下:

#Navigation ul　{

background-color：#0F0；

height：50px；

width：860px；

margin-top：10px；

margin-right：auto；

margin-left：auto；}

③用以上方法设置 UL 标签里面的 Li 标签的 CSS 样式,代码如下：

#Navigation ul li {

font-family："华文楷体"；

font-size：16px；

color：#F00；

float：left；   /* 一定要是左对齐,导航项目才会水平排列 */

height：40px；

width：102px；/* 总宽的 1/n(n 是导航项目的个数,这里 n 为 8) */

margin-top：10px；

margin-left：0px；

list-style-type：none；}

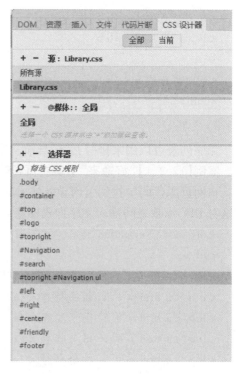

图 12.2.2   无序列表符合样式的建立

设好之后,导航条效果如图 12.2.3 所示。

图 12.2.3   "好逸来"书城主页导航条的制作

【课程育人】

通过对案例引入与网站导航条制作的融合学习,总结如下：

1. 导航条的制作不仅是技术上的掌握,更要用创新的眼光去设计创作导航条的外部造型与颜色。

2. 内部不断完善的创新机制是华为成功的关键,它建立了一整套的创新机制,通过机制创新来驱动技术创新,从而汲取更大的力量,我们也要培养理念创新、设计创新的创新思维。

【课堂互动】

请用 DIV + CSS 技术制作"湖南红色基地"网站主页的导航条。

任务12.3 "好逸来"书城主页文字的排版

【案列引入】

与大部分中国企业一样,华为也是从"追随别人"的技术起步的。

但它用不到30年时间,就实现了弯道超车。华为相关负责人说:"在世界通信技术的谈判桌上,2G时代,根本没有中国的公司,华为只能凭借价格便宜,在市场上分一杯羹;3G时代,华为挤到了谈判桌旁,但只能在旁边站着看;4G时代,华为终于坐上了谈判桌;5G时代,华为坐到了谈判桌的主位。"

在工业化和信息化同步推进的今天,中国、中国的民族企业,都在力求弯道超车,华为的忧患意识和前瞻意识必不会落后于人!

【案例分析】

华为之所以能弯道超车,是因为它坚持以客户需求为导向,不断创新,敢为人先,勇于进取,致力于走向现代化、国际化,争创世界一流品牌的精神存在于华为企业文化里面,很多华为人以实现华为的成功为己任,他们的这种精神激励着我们勇于探索、刻苦学习,是我们前进的动力。

【主要知识点】

12.3.1 网页文字样式设置

在新建网页样式文件后,要确定的第一个样式是控制网页文字的样式,它对引用该样式的网页的所有文字有效。

案例【12.3.1】网页文字默认格式设置

```
. body{
    margin: 0px;
    padding:0px;
    font-size:12px;//设置默认字体大小
    font-family:Arial,Helvetica,sans-serif;   //设置默认字体}
```

12.3.2 网页文字的排版

局部网页文字的排版一般由竖排的无序列表样式来控制。

案例【12.3.2】图书网主页左侧文字排版

(1)文字的无序列表样式设置

```
#left ul li { width：200px；
        height：20px；              /* 高度值要根据实际内容来定   */
        margin-top：5px；
        margin-left：auto；
margin-right：auto；/*  或者   margin：5px auto 0px auto；   */
        text-align：left；
        line-height：18px；/* 行高 */
        list-style-type：none；
        color：rgba(0,0,0,1.00)；}
a {color:#333；text-decoration：none；}   /* 设置链接字体的颜色与文本修饰 */
```

(2)网页源代码

```
< div id = " left " >
< ul >
< li > < h3 > < a href = "#" >      
  文学 </a > </h3 > </li >
< li > < a href = "#" >托马斯·沃尔夫作品集 </a > </li >
< li > < a href = "#" >春季限定草莓挞事件 </a > </li >
< li > < a href = "#" >青少年成长心路历程 </a > </li >
< li > < a href = "#" >现代长篇小说选 </a > </li >
< li > < a href = "#" >现代短篇小说选 </a > </li >
< li > < a href = "#" >鲁迅中短篇小说选集 </a > </li >
</ul >
    </div >
```

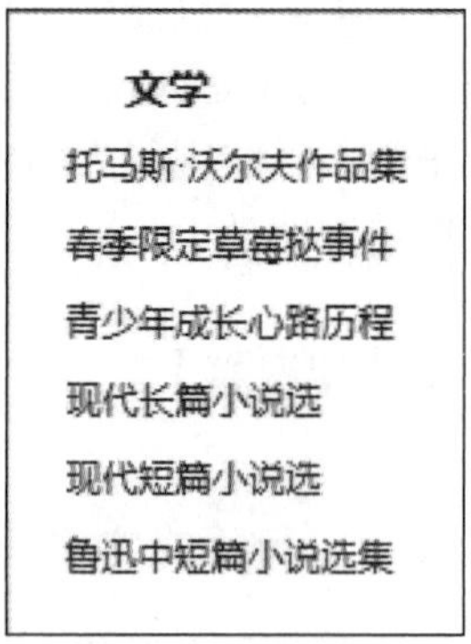

图 12.3.1   图书网主页
左侧文字排版

效果如图 12.3.1 所示。

【课程育人】

通过对案例引入与网页局部文字的样式设置,以及文字排版方法与技巧的融合学习,总结如下:

1.华为公司坚持以客户需求为导向,不断创新,敢为人先,勇于进取,致力于走向现代化、国际化,争创世界一流品牌的精神值得我们学习。

2.通过对网页文字的样式与排版使用及华为网站文字欣赏,培养学生创新思维意识。

【课堂互动】

请用 DIV + CSS 技术制作"湖南红色基地"网站主页的文字。

任务 12.4　项目实施:"好逸来"书城主页制作

【案例引入】

　　李彦宏,百度的创立者,1968 年出生于山西省阳泉市一个普通家庭。1987 年李彦宏参加高考,以山西省阳泉市第一名的成绩考取了北京大学。后来李彦宏在美国留学,并成功考取了美国布法罗纽约州立大学计算机系,在那里学到了当时全世界最先进的计算机技术。学过计算机技术之后,李彦宏来到了道琼斯公司做高级顾问,以及《华尔街日报》的网络版金融实时信息系统设计人员。这份工作对李彦宏意义深远,他在华尔街待了三年,不仅学习了系统的金融知识,而且结识了很多金融大佬,对百度后来的融资起到了很大的作用。1997 年,李彦宏进入硅谷一家著名的搜索引擎公司,很快成了技术骨干,并对搜索引擎的基础技术做出了很大贡献。1999 年,李彦宏毅然决定回国创立百度,取得巨大成功。2018 年 1 月,李彦宏登上了美国时代周刊,作为中国互联网行业第一个登上时代周刊封面的人物,李彦宏的成就得到了世界的认可。

【案例分析】

　　李彦宏,百度的创立者,他以优秀成绩考取了北京大学,后又留学美国,学到了当时全世界最先进的计算机技术,并且进入硅谷一家著名的搜索引擎公司,成为技术骨干,对搜索引擎的基础技术做出了很大贡献,1999 年回国创业,创立百度,取得巨大成功,是第一个登上《时代》周刊封面的中国互联网人物。我们作为学习 IT 技术类专业的学生,不但要学习李彦宏对计算机技术的热爱与执着,还要学习他的创新创业思维。

【主要知识点】

12.4.1　插入图片

　　在引用 logo 样式的 < div > 标签中插入案例中的 logo 图片。源代码如下:

　　< div id = " logo " > < img src = " img/logo1. jpg " width = " 100 " height = " 100 " alt = " "/ > < /div >

　　效果如图 12.4.1 所示。

图 12.4.1　logo 图片

12.4.2 插入搜索条

在引用 search 样式的 < div > 标签中插入表单中的搜索条。源代码如下：

  < div id = "search" >

        < div id = "searchtxt" >

     图书搜索 < input type = "text" name = "sous" / > < input type = "button" value = "搜索" / >

        < / div >

  < / div >

效果如图 12.4.2 所示。

图 12.4.2　图书搜索条

12.4.3 插入 banner 图片

在引用 banner 样式的 < div > 标签中插入案例中的 banner 图片。源代码如下：

  < div id = "center" >

        < div id = "banner" > < img src = "img/banner. jpg" width = "460" height = "200" alt = "" / >

        < / div >

效果如图 12.4.3 所示。

图 12.4.3　banner 旗帜广告

12.4.4 新书展示模块（中下）的制作

（1）源代码制作

在引用新书展示样式的 < div > 标签中插入新书名称与图片。源代码如下：

```
< div  id = "center2" >
        < span > 新书展示 </span >
< ul >
< li > < img src = "img/q1.jpg" width = "100" height = "130" / > < br > Android + SSH
整合开发 < br > ¥65.00 ¥48.75 (75折) </li >
        < li > < img src = "img/q2.jpg" width = "100" height = "130" / > < br > Java 虚拟机多
核编程实战 < br > ¥39.00 ¥29.25 (75折) </li >
        < li > < img src = "img/q3.jpg" width = "100" height = "130" / > < br > IDA Pro 代码破
解揭秘 < br > ¥49.00 ¥36.75 (75折) </li > < br >
        < li > < img src = "img/q4.jpg" width = "100" height = "130" / > < br > 人月神话(英
文版) < br > ¥29.00 ¥21.75 (75折) </li >
        < li > < img src = "img/q5.jpg" width = "100" height = "130" / > < br > 网编训练营系
列讲座 < br > ¥35.00 ¥26.25 (75折) </li >
        < li > < img src = "img/e1.jpg" width = "100" height = "130" / > < br > JavaScript 王者
归来 < br > ¥35.00 ¥26.25 (75折) </li >
    </ul >
    </div >
```

(2)新书展示样式代码制作

代码如下：

```
#center2 {
        width：460px；
        height：400px；
        margin-bottom：0；
        margin-right：auto；
        margin-left：auto；}
#center2 ul {width：450px；
        height：350px；
        margin-top：20px；
        margin-right：auto；
        margin-left：auto；}
#center2 ul li {
    width：140px；
    height：180px；
    margin-top：0px；
    margin-left：0px；
    float：left；
    text-align：left；
    }
```

效果如图 12.4.4 所示。

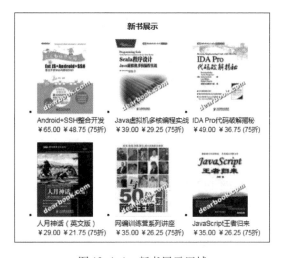

图 12.4.4 新书展示区域

12.4.5 左侧模块制作

①左侧用无序列表制作网页文字。源代码如下：

```
< div id = " left " >
    < ul >
    < li > < h3 > < a href = "#" >      文学 </a > </
h3 > </li >
        < li > < a href = "#" >托马斯·沃尔夫作品集 </a > </li >
        < li > < a href = "#" >春季限定草莓挞事件 </a > </li >
        < li > < a href = "#" >青少年成长的心路历程 </a > </li >
        < li > < a href = "#" >日本现代长篇小说选 </a > </li >
        < li > < a href = "#" >美国现代短篇小说选 </a > </li >
        < li > < a href = "#" >鲁迅短篇小说选 </a > </li >
        < li > < h3 > < a href = "#" >      艺术 </a >
</h3 > </li >
        < li > < a href = "#" >美术丛书-黄宾虹编 </a > </li >
        < li > < a href = "#" >哈农钢琴练指法-(新版) </a > </li >
        < li > < a href = "#" >钢琴弹奏世界名曲集 </a > </li >
        < li > < a href = "#" >小提琴协奏曲 G 大调 K216 </a > </li >
        < li > < a href = "#" >世界电影鉴赏辞典(精编版) </a > </li >
        < li > < a href = "#" >俄罗斯现代短篇小说选 </a > </li >
        < li > < h3 > < a href = "#" >      生活 </a > </
h3 > </li >
        < li > < a href = "#" >食话实说-以美味的名义 </a > </li >
        < li > < a href = "#" >幸福就是和家人一起吃晚餐 </a > </li >
        < li > < a href = "#" >青山有纪的四季和风食谱 </a > </li >
        < li > < a href = "#" >食趣儿-董克平饮馔笔记 </a > </li >
        < li > < a href = "#" >艺术还是媚俗 – 了如指掌 </a > </li >
        < li > < a href = "#" >中国现代短篇小说选 </a > </li >
        < li > < a href = "#" >我从小留学生到哈佛 NBA </a > </li >
    </ul >
    </div >
```

②样式代码如下：

```
#left{
    position: absolute;
    width: 200px;
    height: 600px;                    /* 高度值要根据实际内容来定   */
    margin-top: 0px;
    margin-left: 0px;
```

```
        margin-right：760px；
        background-color：rgba(186,245,197,0.78)；}
    #left ul｛
        width：200px；
        height：570px；            / * 高度值要根
据实际内容来定   * /
        margin-top：15px；
        margin-left：auto；
        margin-right：auto；}
    #left ul li｛
        width：200px；
        height：20px；
        margin-top：5px；
        margin-left：auto；
        margin-right：auto；
        text-align：left；
        line-height：18px；
        list-style-type：none；
        color：rgba(0,0,0,1.00)；
    ｝
```

效果如图12.4.5所示。

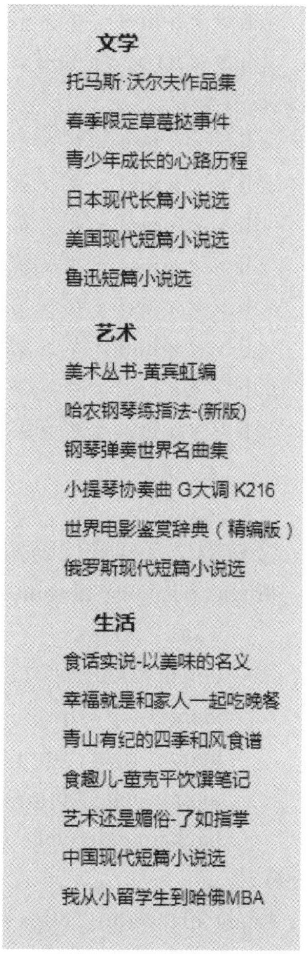

12.4.6 右侧文字的制作方法

①右侧文字源代码：

```
< div id =" right " >
    < ul >
< li > < h3 > < a href ="#" >      资讯动态 </a > </
h3 > </li >
    < li > < a href ="#" > 2020 图书盘点图书榜,买就赠全套资料 </li >
    < li > < a href ="#" >计算机新书书讯请按时看(定期更新) </a > </li >
    < li > < a href ="#" >二手特价书全场5元至十元超值看 </a > </li >
    < li > < a href ="#" >图灵5周年年末促销 回馈会员 </a > </li >
    < li > < a href ="#" >第十名:思科网络技术学院教程网络基础 </a > </li >
    < li > < h3 > < a href ="#" >      书讯快递 </a > </
h3 > </li >
    < li > < a href ="#" >经典名著品味原汁原味65 折预订中！ </a > </li >
    < li > < a href ="#" >王达新作路由器配置与管理7 折送台历 </a > </li >
    < li > < a href ="#" >东南社 oreilly 系列丛书买二赠一 </a > </li >
    < li > < a href ="#" >优阅读书"付费电子书最新上线 </a > </li >
```

图 12.4.5 左边区域

```
<li > <a href = "#" >全国计算机等级考试实用教程</a > </li >
<li > <h3 > <a href = "#" >      热销排行 </a > </
h3 > </li >
<li > <a href = "#" >第一名:JavaScript 程序应用王者归来 </a > </li >
<li > <a href = "#" >第二名:你必须知道的.NET 动态效果 </a > </li >
<li > <a href = "#" >第三名:SQL 数据库程序解惑(第 2 版)</a > </li >
<li > <a href = "#" >第四名:.NET Web 程序高级开发应用 </a > </li >
<li > <a href = "#" >第五名:敏捷软件开发:原则、模式与实践 </a > </li >
<li > <a href = "#" >第六名:PLC 编程及应用(第 3 版含光盘)</a > </li >
<li > <a href = "#" >第七名:面向 SQLServer2005 商业工具集 </a > </li >
<li > <a href = "#" >第八名:面向对象的 C#程序设计工具集 </a > </li >
    </ul >
  </div >
```

②右侧文字样式代码如下:

```
#right{ position: absolute;
    width: 300px;
    height: 600px;
    margin-top: 0px;
    margin-right: 0px;
    margin-left: 660px;
    background-color: rgba(200,249,202,
1.00);}
    #right ul{ width:280px;
    height:570px;
    margin-top: 0px;
    margin-right: auto;
    margin-left: auto;}
#right ul li{
    width: 270px;
    height: 26px;
    margin-top: 0px;
    margin-right: auto;
    margin-left: auto;
    list-style-type: none;
    text-align: left;
}
```

效果如图 12.4.6 所示。

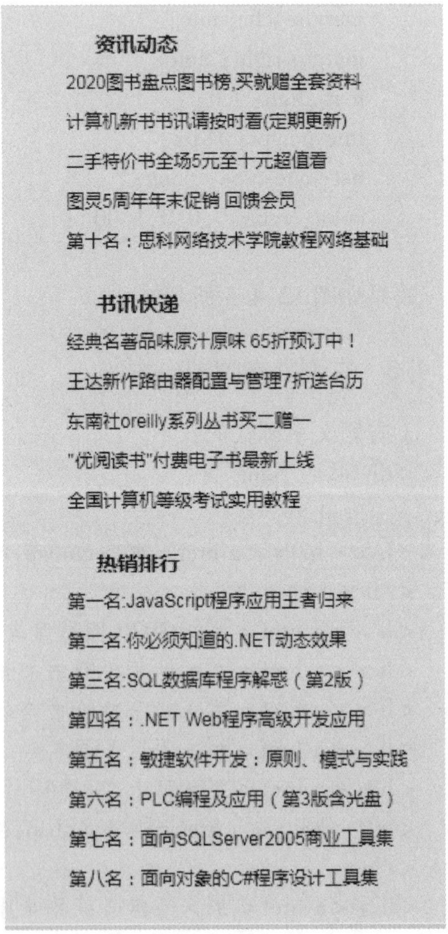

资讯动态

2020图书盘点图书榜,买就赠全套资料

计算机新书书讯请按时看(定期更新)

二手特价书全场5元至十元超值看

图灵5周年年末促销 回馈会员

第十名:思科网络技术学院教程网络基础

书讯快递

经典名著品味原汁原味 65折预订中!

王达新作路由器配置与管理7折送台历

东南社oreilly系列丛书买二赠一

"优阅读书"付费电子书最新上线

全国计算机等级考试实用教程

热销排行

第一名:JavaScript程序应用王者归来

第二名:你必须知道的.NET动态效果

第三名:SQL数据库程序解惑（第2版）

第四名:.NET Web程序高级开发应用

第五名:敏捷软件开发：原则、模式与实践

第六名:PLC编程及应用（第3版含光盘）

第七名:面向SQLServer2005商业工具集

第八名:面向对象的C#程序设计工具集

图 12.4.6　右边区域

12.4.7　友情模块（friendly）的制作方法

①源代码如下：

```
< div id = "friendly" >
    < ul >
        < li > < a href = "http://www. chnxp. com" > 众力美文网 </a> </li >
        < li > < a href = "http://www. bookschina. com" > 中国图书网 </a> </li >
        < li > < a href = "http://www. chinachushu. com" > 中国出书网 </a> </
li >
        < li > < a href = "http://www. xinhuapub. com" > 新华出版社 </a> </li >
        < li > < a href = "http://www. cjzww. com" > 长江中文网 </a> </li >
    </ul >
</div >
```

②样式代码如下：

```
#friendly{
    width：960px；
    height：50px；
    margin-left：auto；
    margin-right：auto；
    margin-top：600px；    /* 此处表示离 Navigation 的距离为 600px    */
    margin-bottom：0px；
    background-color：#ABF1BC；}
#friendly ul{
    width：960px；
    height：50px；
    margin-left：auto；
    margin-right：auto；}
#friendly ul li{
    width：190px；
    height：40px；
    float：left；
    margin-top：15px；
    list-style-type：none；    }
```

效果如图12.4.7所示。

众力美文网　　　　中国图书网　　　　中国出书网　　　　新华出版社　　　　长江中文网

图12.4.7　友情链接区域

12.4.8　版权（footer）模块的制作

①源代码如下：

```
< div id = " footer " >
    < ul >
        < li > < a href = "#" > 主办单位:湖南长沙含浦计算机系统有限公司 </a > </
li >
        < li > < a href = "#" > 工业和信息化部备案管理系统网站:湘 B2-20090191-18
</a > </li >
        < li > < a href = "#" > 版权信息:Copyright © 2011 好逸来图书网 All Rights Re-
served.　湘 ICP 备 12345678 号 </a > </li >
    </ ul >
</ div >
```

②样式代码如下：

```
#footer{
    width: 960px;
    height: 100px;
    margin-left: auto;
    margin-right: auto;
    margin-top: 0px;              / * 此处表示离 friendly 的距离为0px */
    margin-bottom: 0px;
    background-color: #D4F7D3;}
#footer ul {
    width: 960px;
    height: 100px;
    margin-left: auto;
    margin-right: auto;
    margin-top:-10px;             }
#footer ul li {
    width: 900px;
    height: 28px;
    margin-left: auto;
```

margin-right：auto；

margin-top：5px；

text-align：center；

list-style-type：none；　　}

效果如图 12.4.8 所示。

主办单位：湖南长沙合浦计算机系统有限公司

工业和信息化部备案管理系统网站：湘B2-20090191-18

版权信息:Copyright © 2011 好逸来图书网 All Rights Reserved. 湘ICP备12345678号

图 12.4.8　"footer"区域

全部制作完后,整体效果如图 12.4.9 所示。

图 12.4.9　网页整体效果

注意:

- 减少使用 DIV 标签;
- 应该用 DIV 定义页面的主要框架结构,比如头部、内容、边栏和底部等结构;
- 内容应该使用语义化的 html 标签,而不是 DIV 标签。

【课程育人】

1. 通过对 DIV + CSS 网页布局基础的学习,培养学生创新思维意识。

2. 通过对"好逸来"书城主页布局制作的学习,培养学生学会规划统筹全局、重视团队合作,从事物的联系、变化等方面全面看问题的能力。

3. 通过对"好逸来"书城主页导航条制作的学习,培养学生严谨的工作作风,树立实事求是的科学态度。

4. 通过对"好逸来"书城主页文字排版的学习,使学生意识到信息工作严谨性和客观性,养成严谨的工作作风,树立实事求是的科学态度。

技能训练

请根据教材资料里面提供的"旅游网站"案例素材设计制作旅游网站主页。

(1)进行旅游网站主页 DIV + CSS 布局制作。

(2)进行旅游网站主页导航条制作。

(3)进行旅游网站主页局部文字的样式设置与文字排版设计。

(4)进行旅游网站网站标志 logo、Banner 旗帜广告等制作。

(5)进行旅游网站主页搜索条、左中右主要内容区、新闻标题、页底版权等模块的制作。

微课自主学习　基于 div + css
的项目实施

模块 13　网站的测试、发布与维护

　　网站制作完后,需要进行模块与性能的测试,以保证网站发布到互联网空间后能正确显示并保持链接的准确性。测试无误后,就可以发布了。发布前首先要联系网络公司申请域名与空间,得到域名与空间后,就可以把网站上传到空间,只要在浏览器上输入网址就可以浏览网页。怎样提高网站的浏览量与用户呢? 就要对网站进行宣传与推广,并按当前形势的变化对网站内容进行更新与维护。

【学习目标】

　　知识目标:
　　1.掌握网站的测试;
　　2.掌握网站的发布;
　　3.掌握网站的维护。
　　技能目标:
　　1.学会测试网站的方法与技巧;
　　2.学会发布网站的方法与技巧;
　　3.学会维护网站的方法与技巧。
　　素质目标:
　　1. 通过网站测试的学习,培养学生统筹全局、个人服从集体、下级服从上级领导的意识。
　　2. 通过网站发布的学习,使学生学会向外宣传演讲、推销作品、让大众接受的能力;
　　3.通过网站维护的学习,培养学生的管理能力、处理紧急事务的应变能力。

任务 13.1　网站的测试

【案例引入】

　　华为技术有限公司于 1987 年成立于中国深圳,是电信网络解决方案供应商。华为的主要营业范围是在电信领域为世界各地的客户提供网络设备、服务和解决方案。华为从一个注册资产 21 000 元,员工 14 人的小型民间企业发展到现在员工 24 000 多人,其中外籍员工 3 400 多人,销售额近 500 亿元人民币的跨国公司,被业界奉为"神话"。

　　华为通过一种精神把这样一个巨大公司团结起来,而且使企业充满活力。华为这种团队精神就是"狼性"。华为非常崇尚"狼",认为狼是企业学习的榜样,要向狼学习"狼性",狼性永远不会过时。华为总裁任正非在他的一次题为《华为的红旗到底能打多久》的讲话中提到,企业就是要发展一批狼,狼有最显著的三大特性:一是敏锐的嗅觉;二是不屈不挠、奋不顾身、永不疲倦的进攻精神;三是群体奋斗。

敏锐的嗅觉:在华为表现的是对市场的快速反馈和对危机的特别警觉。任正非推行"不管过程,只重结果"的管理授权。为了实现企业对市场的快速扩张,公司团队不断发动了一轮又一轮的凶猛进攻,攻城略地,甚至不断占有和蚕食竞争对手的领地。任正非认为企业越是高速成长、越是发展顺利,就越容易忽视隐藏在背后的管理问题。任正非在平时总是大力强调这种忧患意识,着意培养下属的危机感。

不屈不挠、奋不顾身的进攻精神:任正非尊崇商场就是战场,指挥员下达命令进攻,其下属就要立刻冲锋陷阵,勇往无前,无论如何也要拿下阵地。这种狼性文化,使华为从管理层到各个团队成员保持对市场发展和客户需要的高度敏感性,保持对市场变化的快速反应和极强的行动能力,保持强大而坚定的信念并且在运转过程中表现出高效率的团队协同作战精神。

群体奋斗:在华为体现为"忠诚,勇敢,团结,服从"。其中,最为重要的是团结合作的精神。人们刚开始会觉得华为人的素质比较高,但对手们换了一批素质同样很高的人,发现华为还是很难战胜。最后大家明白过来,与他们过招的,远不止是前沿阵地上的几个冲锋队员,这些人的背后是一个强大的后援团队,他们有的负责技术方案设计,有的负责外围关系拓展,有的甚至已经打入了竞争对手内部。一旦前方需要,马上就会有人来增援。

华为正是通过这些"狼性"特点来保持团队的高效性。正是华为的这种独具特色的文化塑造了华为的核心竞争力,华为也是通过这种"狼性"文化打造出了高绩效团队。

【案例分析】

华为技术有限公司取得巨大成功,得益于高绩效团队的打造,它通过狼性精神把一个巨大公司团结起来,华为的员工表现出高效率的团队协同作战精神,其中最为重要的是团结合作的精神。华为的冲锋队员,背后是一个强大的后援团队。我们在完成一个网站项目及后面的维护管理中,也离不开团队的共同努力,我们要养成团队合作、协调一致的良好习惯。

【主要知识点】

在网站开发、设计、制作过程中,对网站系统的测试、确定和验收是一项重要而富有挑战性的工作。网站系统测试与传统的软件测试不同,它不但需要检查是否按照设计要求运行,而且还要测试系统在不同用户端的显示是否合适,最重要的是从最终用户的角度进行安全性和可用性测试。对网页内容和网站整体性能进行有效测试是十分必要的。

13.1.1 网站测试服务器的建立

①启动 Dreamweaver CC 2019,进入"站点"菜单,单击"管理

微课 13.1 测试站点的建立

站点",选择已经制作好的"lantian"网站名,如图 13.1.1 所示。

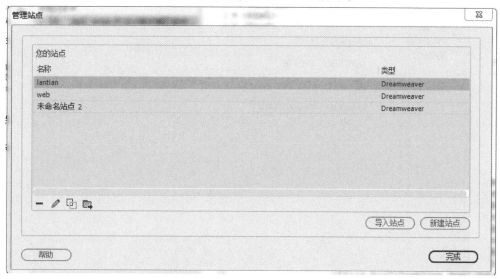

图 13.1.1 "lantian"网站管理窗口

②单击"管理站点"右下角的编辑按钮(笔形),进入"站点设置"界面,如图 13.1.2 所示。

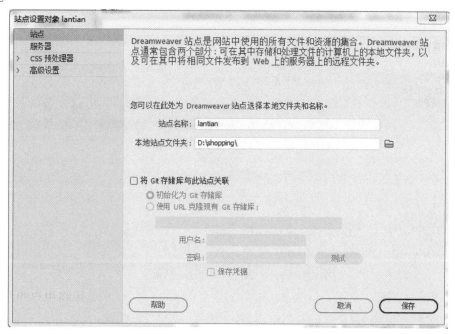

图 13.1.2 "lantian"网站站点设置界面

③单击界面左侧的"服务器",再单击下面的小加号(+),跳出服务器设置窗口,设置服务器名称为"LT",修改连接方法为"本地/网络",选择服务器文件夹 D:/shopping,改成 http://127.0.0.1/ ,单击"保存"。效果如图 13.1.3 所示。

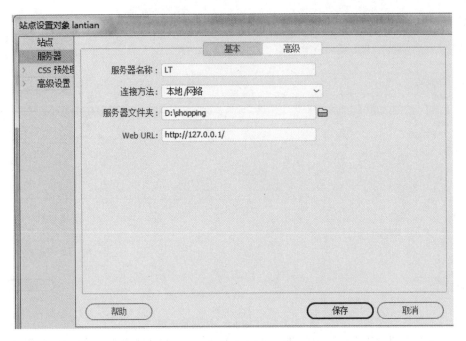

图 13.1.3　服务器设置窗口

④勾选"测试"，关掉"远程"，单击"保存"。本地的测试服务器就设置好了。效果如图 13.1.4 所示。

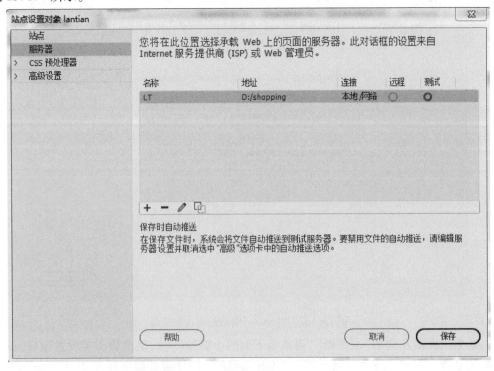

图 13.1.4　网站测试服务器的设置

13.1.2　链接检查

链接是网站系统的一个主要特征,它是在页面之间切换和指导用户去目的网页浏览信息的主要手段。链接测试可分为三个步骤:首先,测试所有链接是否按指示的那样确实链接到了该链接的页面;其次,测试所链接的页面是否存在;最后,保证网站上没有孤立的页面。所谓孤立页面,是指没有链接指向该项页面。

1)检查链接错误

①启动 Dreamweaver CC 2019,打开蓝天电器商城网站主页。进入站点菜单,单击"站点选项",检查站点范围的链接,进入"链接检查器"面板,效果如图 13.1.5 所示。

图 13.1.5　"链接检查器"

②"显示"下拉列表有断掉的链接、外部链接、孤立文件三个选项,选择要检查的链接方式。链接检查完毕会在窗口中显示检查结果。

断掉的链接:检查文档中是否存在断开的链接,这是默认选项。

外部链接:链接到站点外的链接,不能检查。

孤立文件:检查站点中是否存在没有任何链接引用的文件,该选项只适合整个站点链接的检查。

2)更改链接

单击"站点选项"下面的"改变站点链接范围"项,可以修改链接对象。效果如图 13.1.6所示。

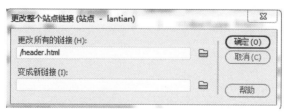

图 13.1.6　修改链接

13.1.3　HTML 语法检查

HTML 语法检查主要是检查 HTML 的错误语法以及是否会影响浏览器的编译速度。

1）清理 html/xhtml

在"工具"菜单里面的"清理 html/xhtml"项目起到移除空的标签区块、多余的嵌套标签等作用。效果如图 13.1.7 所示。

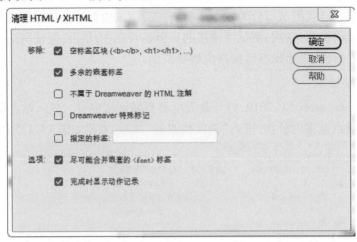

图 13.1.7　清理 html/xhtml

2）清理 Word 生成的 html

有些网页元素是由 Word 生成并转入 DW 文件中的，是 Word 用来格式化和显示 Word 文档的，在显示 HTML 文件时并不需要，所以需要将它清理掉。

"工具"菜单里面的"清理 Word 生成的 html"项目能够将 Word 生成的 html 清理掉。效果如图 13.1.8 所示。

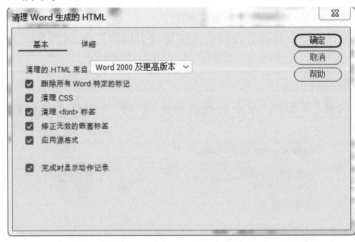

图 13.1.8　清理 Word 生成的 html

3）拼写检查

"工具"菜单里面的"拼写检查"项目（快捷键 shift + F7）能够将网页上的中英文语法错误检查出来。效果如图 13.1.9 所示。

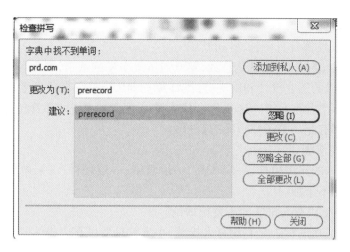

图 13.1.9　拼写检查

【课程育人】

通过对案例引入与本任务的融合学习,总结如下:

1. 我们在进行测试网站知识点的学习时,要重视团队力量,培养团队合作、协调一致的良好习惯;

2. 在实际学习中,学会规划统筹全局、重视集体力量,重视全面看问题的能力。

【课堂互动】

请为前面做好的"旅游网站"进行网站发布准备,检测"旅游网站"在浏览器中的兼容性,链接是否正确,是否能准确跳到对应的页面去,是否有冗余标签与语法错误等。

任务 13.2　网站的发布

【案例引入】

小米 2010 年 4 月成立,是一家专注于高端智能手机自主研发的移动互联网公司,已获得来自 Morningside、启明、IDG 和小米团队 4 100 万美元投资,其中小米团队 56 人投资 1 100 万美元,公司估值 2.5 亿美元。在小米开始手机硬件设计制作仅仅一年的时候,他们发布了第一款小米手机。小米董事长、CEO 雷军说,这款小米手机将是一款性价比极高的高端智能手机。能够成就如此速度的,是小米公司那堪称超豪华的联合创始人团队。

雷军是金山软件的董事长和著名的天使投资人。林斌是谷歌研究院的副院长,洪锋是 Google 高级工程师,黄江吉是微软工程院首席工程师,黎万强是金山软件人机交互设计总监、金山词霸总经理,周光平是摩托罗拉北京研发中心总工程师,而刘德是一位于世界顶级设计院校 Ar tCenter 毕业的工业设计师。

成功原因总结：

（1）让每个人发挥自身所长，各司其职

雷军是董事长兼 CEO，林斌是总裁，黎万强负责小米的营销，周光平负责小米的硬件，刘德负责小米手机的工业设计和供应链，洪锋负责 MIUI，黄江吉负责米聊，后来增加了负责小米盒子和"多看"的王川。这几位合伙人除了理念一致，大都管过超过几百人的团队，更重要的是都有能一竿子插到底的执行力。

（2）组织层次清晰

分工明确小米的组织机构，一层产品、一层营销、一层硬件、一层电商，每层由一名创始人坐镇，大家互不干涉。

（3）新鲜独特的"有人排队的小餐馆理论"

小餐馆成不成功的标志是有没有人排队，小米就是要做有人排队的小餐馆，他们希望小米的所有人都在产品的一线，而不是当老板、当管理者。

（4）在工作上达成共识，有强烈的时间观念和敬业精神。在内部，他们统一共识为"少做事"，这样才能把事情做到极致，才能快速。

（5）信任是关键

与中国大多数创业公司不同，小米科技完美的团队阵容让投资商在不清楚创业细节时，就选择了资本注入。在管理自己设计团队时，小米也强调信任的重要性。雷军笑称自己签每一笔报销都是闭着眼睛签名，其实这就是对下属的一种信任。

（6）时间轴

在小米科技的发展过程中，贯穿着时间轴的概念，即对未来的时间规划非常清晰。小米团队之所以在如此短的时间取得这么大的成就，与小米手机创始人独特的管理方式有着很大的关系。

【案例分析】

小米公司获得的巨大成功，离不开小米公司堪称超豪华的联合创始人团队。这个优秀的团队让每个人发挥自身所长，各司其职，组织层次清晰，在工作上达成共识，有强烈的时间观念和敬业精神，相互信任，相互理解，有清晰的时间规划，这些都是小米成功的原因。团队力量的发挥对项目的成功起到决定性作用，同学们在学习网站发布时，也要注意利用团队力量，培养团队合作、协调一致的思想意识。

【任务知识点】

13.2.1 网站通过互联网空间发布

1）申请域名

用户可以登录申请机构的相关网站申请域名，这些网站都有详细的说明，帮助使用者迅速申请域名。目前国内比较常用的服务商有中国万维网、新网、商务中国等。首先要注

微课13.2 网站的发布

册成为域名注册商的用户,再通过所注册的用户信息登录申请域名。中国万维网登录页面如图 13.2.1 所示。

图 13.2.1　中国万维网登录页

2）申请空间

网络空间有免费和收费两种,对于初学者,可以先申请一个免费空间。网上有很多提供免费空间的服务商,比如"凡科建站"等。用户登录到这些网站上,注册后就可申请到一个免费空间,申请成功后要记下 FTP 主机、用户名和密码等信息,但是免费空间的容量很小、广告很多,网速也很慢。

如果有经济条件,可以买个域名,买个服务器。推荐使用国内服务器,速度快而且稳定,如百度广告联盟等申请起来也很方便。国内服务器必须要进行备案。

3）将本地站点上传到远程

①利用站点管理的测试服务器可以上传网站;

②利用站点文件面板也可以上传站点文件到远程。

在"文件"面板中单击"展开以显示本地和远端站点"按钮,单击工具栏上的"连接到远端主机"按钮,选择本地站点,单击工具栏上的"向测试服务器上传文件"按钮,上传文件。文件上传完成后,在窗口的远程站点中可以看到文件,效果如图 13.2.2 所示。

13.2.2　通过 IIS 服务器发布网站

不同的操作系统进入 IIS 服务器的方式不同。现在以 win7 为例,设置 IIS 服务器发布网站。

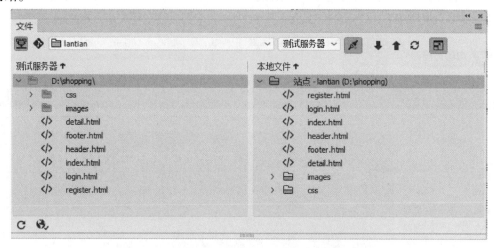

图 13.2.2　利用站点文件面板上传站点

①确保系统上已经安装 IIS,如果没有安装,请到【控制面板】→【程序】→【程序和功能】→【打开或关闭 Windows 功能】选中 Internet 信息服务下面的所有选项,效果如图 13.2.3所示。

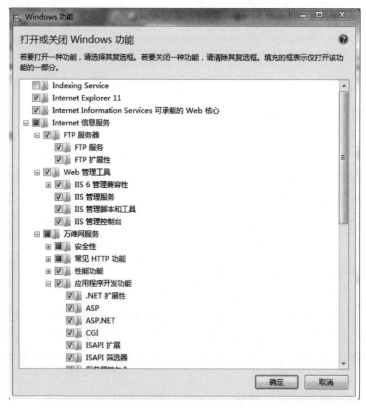

图 13.2.3　安装 IIS

②打开控制面板里面的管理工具,进入"Internet 信息服务(IIS)6.0 管理器",效果如图 13.2.4 所示。

图 13.2.4 IIS6.0 管理器

③展开 IIS 信息服务器,在网站上右击,选择【添加网站】,效果如图 13.2.5 所示。

图 13.2.5 添加网站

④在添加网站对话框中输入网站名称"lantian",选择 D 盘的 shopping 站点文件夹和端口,其他默认,然后确定物理路径,选择存放发布后的文件系统的文件夹端口,应选择除 80 以外的端口,注意端口也有一定的范围,效果如图 13.2.6 所示。

图 13.2.6　添加网站

⑤设置默认文档。优先级最高为 index.html,效果如图 13.2.7 所示。

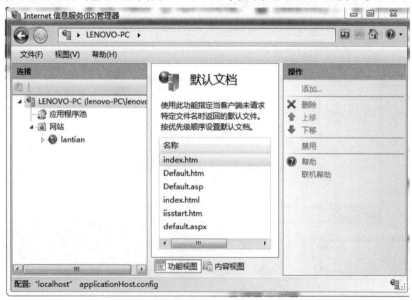

图 13.2.7　设置默认文档 index.html

⑥设置用户访问网页文件的权限。单击网站文件夹,进入"属性"→"安全",添加用户"everyone",设置可读取权限。

⑦选择 IIS 右侧的浏览网站,或是在浏览器中输入 ip 地址加端口号就可以访问此网站了,效果如图 13.2.8、图 13.2.9 所示。

图 13.2.8　浏览网站

图 13.2.9　访问网站

【课程育人】

通过对案例引入与本任务的融合学习,总结如下:

1.任何项目的成功,都离不开团队的力量,我们在学习网站发布的同时,也要组合团队,培养团队的合作能力、协调能力与整体素质提升能力。

2.在发布网站时,有需要用到团队的地方,我们要学会充分利用团队力量,发挥每个团队成员的作用,服从团队安排,以小我充实大我。

【课程练习】

请发布前面做好的"旅游网站",包括申请域名、空间,通过IIS服务器发布网站的过程操作。

任务13.3　网站的维护

【案例引入】

2007年7月16日,复星集团在香港联交所整体成功上市,融资128亿港元,成为当年香港联交所第三大IPO,同时也是香港史上第六大IPO。中国周刊有一篇报道叫做"郭广昌的商业帝国",介绍了复星集团董事长郭广昌的成功轨迹,"复旦五虎"打造了郭广昌的商业帝国。

成功原因总结:

(1)第一:相互信任

1992年,"复旦五虎"拼凑起3.8万元一起创业,早期收获的第一个亿是在医药生物领域获得的。郭广昌没有任何医药生物专业基础,但当他知道了生物工程和医药有前景后,充分信任具有专业基础的梁信军、汪群斌等人,并在他们的组织下在这个领域中大赚了一笔。相互信任让他们不断取得成绩。

(2)志同道合,能力互补

"我们身上有很多相似性和互补性",志同道合让他们聚在一起,能力互补让他们把企业发展壮大。

(3)各尽其才,个人能力得到了最大发挥。

【案例分析】

融资128亿港元,成为当年香港联交所第三大IPO、香港史上第六大IPO复星集团成功的原因归结为有一个相互信任、志同道合、能力互补的团队。优秀的团队在项目成功中起着决定性的作用,我们在维护网站时也要重视团队的力量,利用团队合作的力量将网站维护工作做好。

【主要知识点】

网站上传后还需要经常维护,比如更新内容、改变链接对象、局部版面改变等。利用 Dreamweaver CC 可以很方便地进行网站的维护工作。

13.3.1　设置本地与远程站点同步

本地站点文件上传至服务器后,利用 Dreamweaver CC 的同步功能可以使本地站点和远程站点文件内容保持一致。这样,本地站点的文件更新后,远程站点的文件也会同步更新。

站点文件夹面板的右上角有"同步"环形按钮,直接单击即可,如图 13.3.1、图 13.3.2 所示。

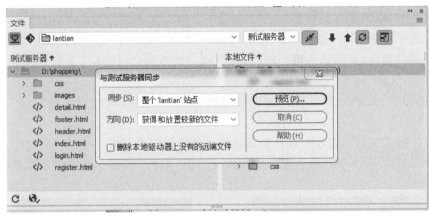

图 13.3.1　设置本地与远程站点同步(一)

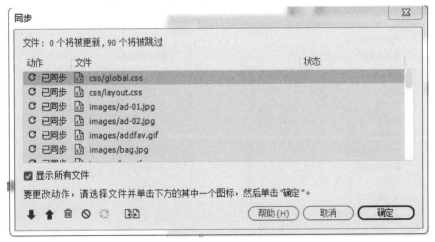

图 13.3.2　设置本地与远程站点同步(二)

13.3.2　取出与存回文件

1）概念

取出与存回,是指维护网站时为避免可能同时出现多人修改同一个文件,更新时会相互覆盖而设置的一个行为。当文件处于被取出状态时,只能由这个取出文件的人修改保存,其他人不能修改,一直到文件被修改好存回后才可以修改。

注意:必须将本地站点与远程服务器相关联,然后才能使用取出与存回功能。

2）操作方法

方法一:在"文件"面板中,选择要从远程服务器取出的文件。单击右键就会出现菜单命令,里面有"取出"与"存回"命令,如图13.3.3所示。

打开文件之前取出:在"文件"面板中双击打开文件时自动取出这些文件。

取出名称:取出名称显示在"文件"面板中已取出文件的旁边;这使小组成员知道是谁在修改文件。

电子邮件地址:如果输入电子邮件地址,用户的姓名会以链接(蓝色并且带下划线)形式出现在"文件"面板中的该文件旁边。

单击"保存"按钮完成设置。设置完存回/取出系统后,就可以进行取出与存回操作了。

方法二:在"文件"面板中,选择要从远程服务器取出的文件。

执行"站点"→"取出"命令或在文件面板单击"取出"按钮。系统弹出提示框,如图13.3.4所示。

图13.3.3　取出与存回文件　　　　　　图13.3.4　取出命令

如果用户取出了一个文件,又决定不对它进行编辑(或者决定放弃所做的更改),则可以撤消取出操作,文件会返回到原来的状态。

若要撤消文件取出,可在"文档"窗口中打开文件,然后执行"站点"→"撤消取出"命令,效果如图 13.3.5 所示。

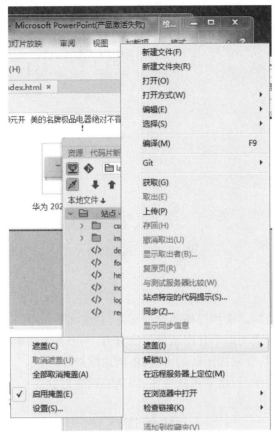

图 13.3.5 撤销取出命令

13.3.3 遮盖

对网站中的某一类型或某些文件夹使用遮盖功能,可以在上传或下载的时候排除这一类型的文件和文件夹。对一些较大的压缩文件,如果不希望每次都上传,也可以遮盖这些类型的文件。除了上传和下载之外,Dreamweaver 还会从报告、检查更改链接、搜索替换、同步、资源面板内容、更新库和模板等操作中排除被遮盖的文件。

启用或禁用站点遮盖操作:

在站点文件夹上右击,在打开的快捷菜单中单击"遮盖"命令,会出现子菜单命令,里面含有设置、启动遮盖(默认启动)、取消遮盖等。在设置里面可以设置要遮盖掉的文件类型,效果如图 13.3.6 所示。

选择或取消"启用遮盖"复选框可以启用或取消"遮盖"功能。选择或取消"遮盖具有以下扩展名的文件"以启用或禁用对特定文件类型的遮盖,还可以在文本框中输入或删除要遮盖或取消的文件后缀。

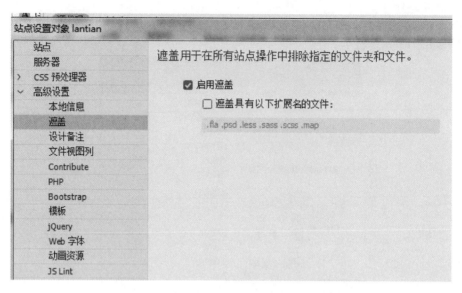

图 13.3.6 遮盖命令

【课程育人】

通过对案例引入与网站维护操作的融合学习,总结如下:

1.一个网站项目的成功离不开团队成员的努力,一个人无法单独完成整个网站项目,我们在维护网站的同时,要发挥团队的力量,将网站维护好。

2.通过网站维护的学习,培养团队合作、团队协调能力。

技能训练

请根据做好的鲜花网站进行测试、发布及维护操作。

(1)建立好网站测试服务器。

(2)检测在浏览器中的兼容性,链接是否正确,是否能准确跳到对应的页面,是否有冗余标签或语法错误等。

(3)发布网站:①安装 IIS;②通过 IIS 服务器发布网站。

(4)维护网站:①设置本地与远程站点同步;②取出与存回文件。③遮盖。